F. FAIDEAU

Professeur

à l'École municipale J.-B. Say

La Botanique Amusante

59

Gravures

RÉCRÉATIONS

SCIENTIFIQUES

PARIS

LIBRAIRIE ILLUSTRÉE

8, RUE SAINT-JOSEPH, 8

—

Tous droits réservés

LA

BOTANIQUE AMUSANTE

PARIS. — IMPRIMERIE LAROUSSE

17, RUE MONTPARNASSE, 17

LA
BOTANIQUE
AMUSANTE

RÉCRÉATIONS SCIENTIFIQUES
EN PLEIN AIR ET DANS L'APPARTEMENT

Expériences et Récréations
sur la tige, la racine, la feuille et la fleur. — Germinations rapides.
Mouvements des Plantes. — Dissémination des graines.
Cultures bizarres. — Jouets rustiques. — Plantes à formes animées.
Curieuses particularités sur les végétaux.

Par F. FAIDEAU
Professeur à l'École Municipale J.-B. Say.

～～～～

OUVRAGE ORNÉ DE 59 GRAVURES
ET SUIVI D'UN VOCABULAIRE DES TERMES USITÉS EN BOTANIQUE

PARIS
A LA LIBRAIRIE ILLUSTRÉE
8, RUE SAINT-JOSEPH, 8

—

Tous droits réservés.

PRÉFACE

PRÉFACE

Pendant la seconde moitié du XVIIIᵉ siècle, après l'apparition du système de Linné qui rendait si facile la détermination des végétaux, la botanique fut fort à la mode, car — vous ne l'ignorez pas sans doute — il existe aussi une mode pour les sciences. Tout le monde courait par les champs et par les bois à la recherche des plantes, et chacun s'occupait de la préparation des herbiers. L'exemple, d'ailleurs, était donné par les esprits les plus cultivés, et Jean-Jacques Rousseau était un des plus enragés « chasseurs de plantes » de l'époque.

Plus tard, la physique, la chimie, par leurs progrès et leurs merveilleuses applications, ont attiré l'attention sur elles; d'un autre côté, dans l'art de guérir, on n'emploie plus les plantes elles-mêmes, mais bien leurs extraits préparés par les chimistes et pesés avec d'infinies précautions.

Toutes ces causes ont fait un peu négliger la botanique. C'est un grand tort : il n'est pas de science plus attrayante, offrant des distractions plus agréables, *plus variées, plus salutaires, et à la portée d'un plus grand nombre de personnes.*

C'est ce que nous avons eu la prétention de montrer en écrivant notre Botanique amusante.

Les élèves des deux sexes, qui suivent des cours de botanique, y trouveront un grand nombre de récréations qu'ils pourront exécuter en hiver dans l'appartement, et qui leur montreront des propriétés intéressantes des végétaux.

Les nombreux amateurs des promenades en famille, désireux de fuir, pendant une journée, le bruit et la cohue des grandes villes, trouveront dans ce livre des buts d'excursion.

Au lieu de s'asseoir pour lire leur journal, après une demi-heure de marche, ils se mettront à la recherche de la plante dont un de nos chapitres leur a raconté les merveilles et pourront répéter eux-mêmes les expériences que nous indiquons. Outre l'intérêt scientifique qui s'attache à cette recherche, l'ardeur qu'ils y mettront les forcera souvent à une longue marche à travers bois, dont leur santé se trouvera bien.

Quelques-uns de nos chapitres, destinés spécialement aux dames, traitent des époques de floraison des plantes, des fleurs les plus convenables à mettre en bouquet, des procédés économiques pour avoir ses jardinières toujours garnies de gracieuses fleurs des champs.

Enfin — car il faut essayer de contenter tout le

monde — nos plus jeunes lecteurs, peu soucieux de l'organisation des plantes, apprendront comment, par un travail manuel peu compliqué, on peut tirer de leurs différentes parties des sifflets, des hautbois, des mirlitons, des canonnières et autres instruments plus bruyants qu'harmonieux.

La partie scientifique n'a pas été non plus négligée; un grand nombre de notions utiles sur la structure des organes de la plante, sur leurs fonctions, se trouvent disséminées au milieu de la partie récréative.

Notre livre n'apprendra certainement pas la botanique aux personnes qui l'ignorent, mais s'il leur communique l'amour de cette science aimable et le désir de la posséder complètement, nous aurons atteint notre but.

L'ordre à suivre pour classer ces récréations n'a pas été sans nous causer quelque embarras. Il était aisé de les ranger suivant le cours des saisons et d'après l'ordre d'apparition des plantes qui font l'objet des expériences; il nous a paru plus scientifique, et par suite plus profitable à nos lecteurs, de les ranger d'après les parties de la botanique dont elles s'occupent.

Les récréations sur la tige, la racine, la feuille, font l'objet de chapitres séparés. Nous nous occupons ensuite des mouvements si curieux de certaines plantes communes dans nos régions, et des procédés merveilleux qu'emploie la nature pour assurer leur fécondation et la dissémination de leurs graines. Quelques cultures, *faciles à faire dans l'appartement, et une nombreuse série de* récréations diverses *terminent ce volume.*

Désireux d'éviter toute recherche à nos lecteurs, nous l'avons fait suivre d'un Vocabulaire *des termes les plus employés en botanique.*

Notre texte est éclairé par de charmantes illustrations, dues à un artiste de talent, M. E. Damblans, auquel nous adressons ici tous nos remerciements.

F. FAIDEAU

LA TIGE

I

LA TIGE

~~~~~~

DÉVELOPPEMENT D'UN OIGNON
DANS UNE CARAFE

A la campagne, on demande souvent en plaisantant si la Pomme de terre est un légume; à cette question on ne répond que par des rires, mais un certain nombre de personnes seraient plus embarrassées si on leur posait la suivante : Est-ce une tige ou une racine? Pour beaucoup, tout ce qui est dans la terre est une racine, tout ce qui est aérien, est une tige.

La proposition ainsi énoncée est souvent exacte, mais elle comporte de nombreuses exceptions; aussi le botaniste est-il forcé pour distinguer une tige d'une racine de recourir à des caractères plus précis.

L'un des plus importants est le suivant : *la tige*

porte des feuilles et des bourgeons, la racine n'en porte jamais.

Certes, ces feuilles ne sont pas toujours vertes, elles sont parfois très petites et il faut souvent beaucoup d'attention pour les apercevoir, mais dès que leur présence est constatée, la partie du végétal qui les porte est reconnue sûrement pour une tige ; telle la Pomme de terre.

Il y a donc des tiges qui se développent dans l'air, d'autres dans le sol. On distingue en botanique trois sortes de tiges souterraines désignées sous les noms de *rhizomes*, de *tubercules*, et de *bulbes*.

Tout le monde connaît les rhizomes du Muguet, des Fougères, du Sceau-de-Salomon, celui de l'Iris, qu'on emploie à la campagne pour parfumer la lessive ; on le coupe en tranches assez minces qu'on enfile comme les grains d'un chapelet et qu'on fait sécher ensuite au grand air.

Les tubercules ne sont que des rhizomes gonflés généralement de matières féculentes, comme la Pomme de terre, le Topinambour.

Quant aux bulbes, ce sont des sortes de bourgeons souterrains, formés d'une partie pleine ou *plateau*, à la face inférieure de laquelle se développppent des racines adventives. Les côtés du plateau portent de nombreuses écailles gorgées de matières que la plante a mises en réserve ; tels sont les bulbes de Jacinthe, de Lis, d'Oignon, etc.

C'est dans le bulbe, protégé de la gelée par la couche de terre qui le recouvre, que se réfugie, pendant l'hiver, la vie de la plante dont les parties aériennes ont disparu. Au printemps prochain, les matières mises en réserve dans ce bulbe serviront à la formation des feuilles et des fleurs.

On peut montrer aisément qu'un bulbe contient tout ce qui est nécessaire au développement complet de la plante.

Au sommet d'une carafe, à large ouverture, pleine d'eau, on pose un gros oignon, de façon que sa partie inférieure soit en contact avec le liquide. On place alors la carafe dans un endroit de la cuisine non exposé directement à la chaleur du fourneau. Au bout de quelques jours, des racines bien blanches apparaissent, s'allongent et finissent par remplir le vase (*fig.* 1).

Il faut avoir soin de renouveler l'eau chaque jour et de maintenir toujours le contact de l'oignon avec le liquide.

Tant que les feuilles n'apparaissent pas, on peut placer la carafe dans un endroit obscur; mais dès qu'elles commencent à pousser — ce qui ne tarde pas — il faut l'approcher de la clarté, afin que la nutrition par les feuilles, qui n'a lieu que sous l'action de la lumière, aide au développement de la plante.

C'est là une culture facile que tout le monde pourra faire, et qui aura l'avantage de procurer à la cuisinière, pendant plusieurs mois, des parties vertes, toujours fraîches, qui pourront être employées à la confection d'omelettes ou de quelque sauce compliquée.

Fig. 1. — Développement d'un Oignon dans une carafe.

2

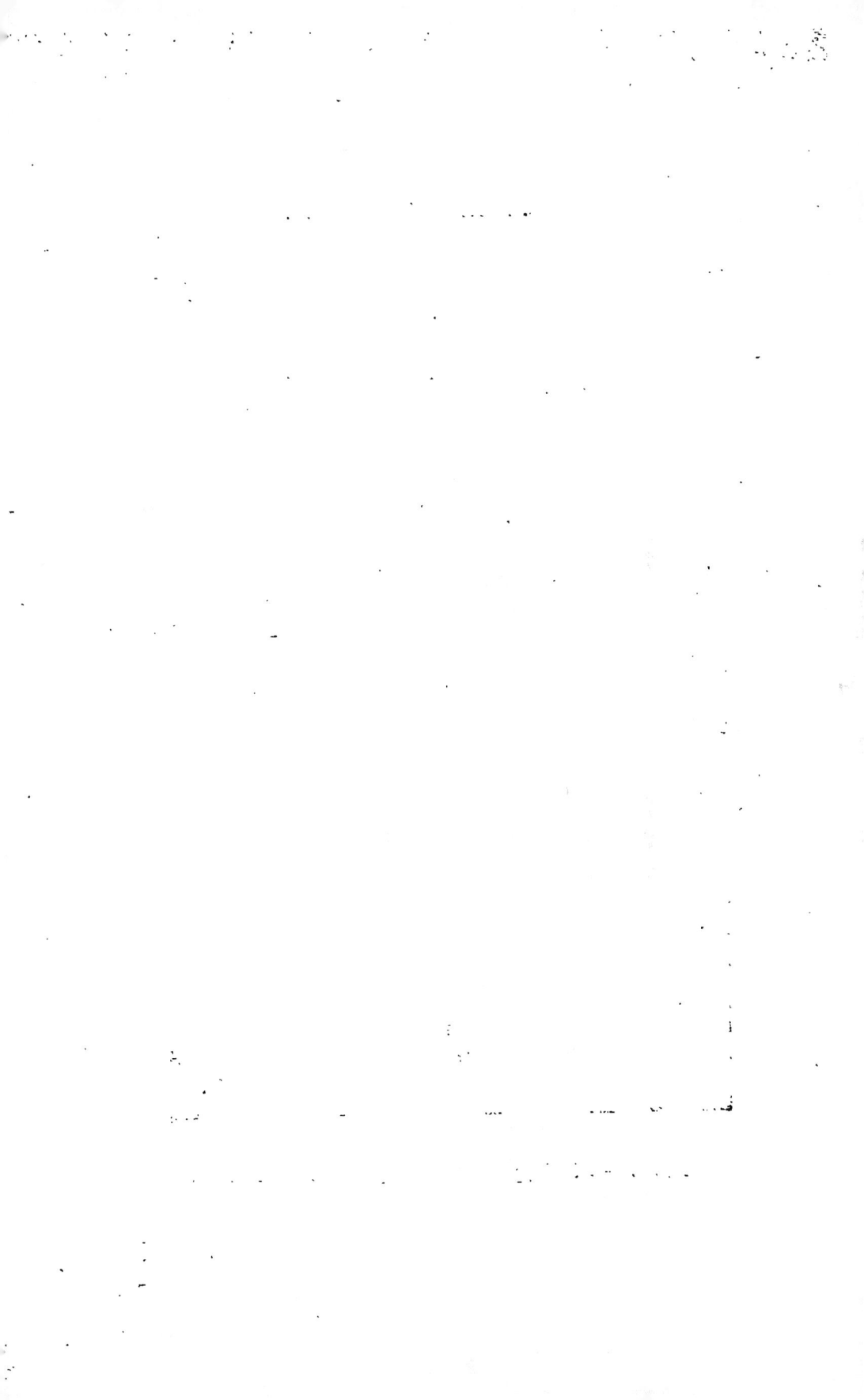

CE QUE RACONTE UN TRONC D'ARBRE

Le bûcheron vient d'abattre un des géants de la forêt ; un grand chêne est là, couché sur le sol qu'il a couvert de son ombre pendant si longtemps. Depuis qu'il est sorti de sa graine, bien des plantes sont mortes, bien des hommes aussi, et s'il pouvait parler, dit-on souvent, que de choses intéressantes il pourrait raconter !

Demander à un chêne de narrer les événements qui se sont accomplis autour de lui, c'est vouloir beaucoup exiger ; on peut cependant lui faire raconter les principaux événements de sa vie ; il suffit, pour cela, de savoir observer.

Examinons la surface bien nette que présente la section de son tronc. Autour d'un point central, des couches sont disposées plus ou moins régulièrement (*fig.* 2). Comptons-les avec beaucoup d'attention, nous en trouverons cent soixante ; voilà l'âge du chêne : il a cent soixante ans.

Ici, un premier point nous arrête : pourquoi peut-on distinguer si facilement les couches successives du bois ?

Il existe, près de l'écorce, une région essentielle-
ment vivante qu'on appelle *couche génératrice*. Cette
couche, qui se développe quand le végétal est encore
très jeune, donne chaque année jusqu'à la mort de
celui-ci une couche de bois en dedans, une couche
de *liber* en dehors : de telle sorte que les couches de
bois les plus anciennes, toujours repoussées par les
nouvelles, sont au centre de l'arbre. Ce bois, formé
au printemps, c'est-à-dire au moment où la sève
circule abondamment, est surtout composé de vaisseaux larges et nombreux, celui que la couche
génératrice produit à l'automne est, au contraire,
pauvre en vaisseaux et riche en fibres. La coupe,
grossie, placée dans un des angles de notre gravure,
montre combien est grande la différence d'aspect
entre le *bois de printemps* et le *bois d'automne*. C'est
cette différence qui permet de séparer les couches
successives (*fig.* 2).

Maintenant que nous savons l'âge du chêne, ob-
servons de nouveau avec soin sa section pour
voir si nous ne pouvons en tirer d'autres renseignements.

Nous voyons d'abord que toutes les couches de
bois n'ont pas la même épaisseur. Certaines sont
très minces; elles correspondent soit à des années
exceptionnellement sèches, soit à des années où
l'arbre a porté beaucoup de fruits; car, dans ce
dernier cas, il est évident qu'ayant utilisé la
plus grande partie de sa sève à former des fruits,

Fig. 2. — Les différentes couches du bois dans un tronc d'arbre. En haut : Coupe grossie montrant la structure du bois de printemps et celle du bois d'automne.

il en est peu resté pour la formation du bois nouveau.

Les zones très larges indiquent les années humides pendant lesquelles la végétation s'est accomplie dans de bonnes conditions.

Si nous sommes curieux de connaître la date de ces années, grasses ou maigres, nous n'avons qu'à compter le nombre des couches qui séparent la zone considérée de la plus externe, c'est-à-dire de la plus récente.

Que signifient les régions brunâtres, pulvérulentes, comme cariées, que nous trouvons de place en place? Elles correspondent aux hivers extrêmement rigoureux. Le bois formé pendant l'année se trouvait placé extérieurement, le froid l'a fait périr et depuis il a été recouvert par d'autre bois en bon état. Là encore un simple calcul des zones pourra nous donner la date de ces hivers exceptionnels.

Ce n'est pas tout encore; certaines zones ont, sur tout leur contour, une épaisseur égale qui indique une végétation bien régulière; au contraire, une zone inégale, mince d'un côté, large de l'autre, indique que l'arbre a été gêné du côté mince, soit dans le développement de ses racines, soit dans celui de ses branches, et le nombre des couches ainsi irrégulières indique le nombre d'années pendant lesquelles ces conditions ont persisté.

Ce chêne ne nous a-t-il pas raconté son histoire?

Il nous a dit son âge, les années qui lui ont été favorables, celles pendant lesquelles sa vie a été menacée et les rudes hivers qui ont laissé des cicatrices dans son corps gigantesque. Que pouvions-nous lui demander de plus ?

L'OBSTINATION D'UN LISERON

A peine la jeune plante a-t-elle percé les enveloppes de la graine et fait jaillir du sol un mince filament vert, qu'il lui faut commencer à lutter pour assurer son existence. Ses délicates radicelles devront aller à la recherche de l'humidité et des substances utiles dans un sol déjà envahi par des légions de racines ; sa tige devra, par la violence ou par la ruse, passer entre les plantes qui l'étouffent, pour procurer à ses jeunes feuilles leur part d'air et de lumière.

Dans ce combat sans pitié, les arbres sont manifestement favorisés ; leur tronc puissant brave les rigueurs des hivers, chaque année ajoute à leur taille ; pas un rayon de soleil qui ne soit pour eux.

Les herbes n'ont pas devant elles un pareil avenir ; l'année de leur naissance est souvent celle de leur mort, et leur tige délicate ne saurait les porter bien haut à la recherche de la lumière. Les unes vivent au pied des géants dont le feuillage épais leur mesure la clarté, mais entretient dans leur corps une fraîcheur délicieuse ; les autres, plus indépendantes, vont chercher, loin des bois, un clair soleil dont la lumière les inonde, mais dont l'ardeur dessèche leur tige.

Il est d'autres plantes — et non les moins curieuses à observer — qui, avec une tige à peine grosse comme le petit doigt, parviennent à s'étaler au-dessus de leurs voisines et même à gravir le sommet des arbres les plus élevés ; aussi les appelle-t-on justement *plantes grimpantes.*

Pour parvenir à leur but, tous les moyens leur sont bons.

La *Ronce*, le *Gaillet gratteron* sont munis de *crochets* qu'ils fixent sur tout ce qu'ils rencontrent. Pour le *Lierre*, il n'est point d'obstacles. Les murs les plus élevés, les arbres les plus gigantesques ne lui font pas peur ; il les escalade en se jouant et ses *racines adventives* sont autant de crampons qui l'attachent, pour la vie, au support près duquel le hasard l'a fait naître ou qu'il a été chercher en rampant sur le sol.

La *Clématite* au doux parfum, la *Capucine* au vert feuillage enroulent autour de leur tuteur le *pétiole* de leurs feuilles ; tandis que la *Vigne vierge*, la *Bryone*, amie des buissons, le *Pois de senteur,* le *Cobœa*, transforment certains de leurs rameaux ou quelques-unes de leurs feuilles en des filaments sensibles qui parcourent lentement l'air dans toutes les directions à la recherche d'un appui. Ces filaments viennent-ils à rencontrer une jeune tige voisine, ils s'enroulent en hélice autour d'elle — comme ils le feraient autour de votre doigt si vous le laissiez assez longtemps à leur portée — et la *vrille*, ainsi formée, maintient solidement la plante qui pourra

Fig. 3. — Enroulement de la tige du Liseron.

dès lors porter plus haut ses rameaux flexibles que le poids des feuilles faisait déjà pencher vers la terre.

Un grand nombre de plantes grimpantes ne veulent confier ni à des crochets, ni à des racines adventives, ni à des vrilles, la mission de les soutenir, c'est leur tige elle-même qu'elles chargent de ce soin ; c'est leur corps tout entier qu'elles enroulent autour des jeunes arbres, comme un long serpent, dont les replis, d'abord peu serrés, exercent bientôt de vigoureuses étreintes. Ces hôtes toujours gênants, parfois redoutables pour la victime qu'ils ont choisie, sont les plantes *volubiles;* tels sont le *Chèvrefeuille*, le *Houblon*, le *Liseron*.

Les plantes volubiles, une fois sur le chemin qui doit les mener à la lumière, ne perdent pas de temps; elles opèrent leur ascension avec une grande rapidité. Quand les circonstances sont favorables, par les temps chauds et humides, l'extrémité de leur tige ne met guère plus de deux heures pour faire le tour du support.

Ne croyez pas, du reste, qu'elles s'enroulent d'une façon quelconque. Regardez l'extrémité de la tige d'un *Haricot*, de façon que sa partie convexe soit tournée de votre côté, vous la verrez toujours monter de gauche à droite. Il en est de même du *Liseron* et de la plupart des plantes volubiles. Au contraire, le Houblon et le Chèvrefeuille grimpent de droite à gauche.

Avec un pied de Liseron des champs, arraché pendant une promenade, ou un de ces jolis *Volubilis* employés pour garnir les balcons et les fenêtres, vous pourrez suivre d'un peu près ces mouvements d'enroulement.

Laissez d'abord votre liseron sans tuteur, vous

verrez que l'extrémité de sa jeune tige décrit lentement dans l'air une circonférence, semblant chercher
partout un support qui n'existe pas ; en réalité,
c'est son accroissement, inégal en ses différents
points, qui imprime à son sommet ce mouvement
circulaire.

Plantez alors un bâton, long d'un mètre environ, dans la terre où la plante se développe, vous
la verrez en faire rapidement l'escalade en tournant
toujours de gauche à droite, comme il sied à un
honnête liseron, respectueux des usages.

Donnez-vous alors le malin plaisir de dérouler
quelques-uns des tours supérieurs et de les enrou-
ler solidement en sens inverse (*fig.* 3). Vous verrez le liseron hésiter pendant quelque temps,
prendre, à l'aide d'une de ses feuilles qu'il crispe,
un point d'appui contre la baguette, puis continuer
sa marche normale en se tordant sur lui-même,
donnant ainsi le spectacle d'une obstination à laquelle le contraint sa nature.

LES VOYAGES D'UNE TIGE A LA RECHERCHE
DE LA LUMIÈRE

On apprend en botanique que la tige principale des plantes se dirige toujours verticalement de bas en haut. C'est, du reste, ce qu'on peut vérifier rigoureusement sur la jeune tige qui sort d'une graine en germination dans une obscurité complète.

On appelle *géotropisme* l'action de la terre sur les organes des plantes et comme la tige, sous cette action, prend une direction opposée à celle de la pesanteur, on dit que son géotropisme est négatif.

Mais si l'on fait intervenir la lumière, son influence sera généralement plus forte que l'action de la terre, et l'*héliotropisme* vaincra le géotropisme; en d'autres termes moins barbares, la tige, résistant à la direction que lui imprime la terre, se portera du côté de la lumière.

Tout le monde a remarqué qu'un arbre planté trop près d'un mur qui lui cache les rayons du soleil incline fortement son sommet comme pour fuir le gêneur; que des plantes placées dans un endroit mal éclairé par un seul orifice se dirigent vers lui.

Si cet orifice est très élevé au-dessus du sol sur

lequel repose la plante, on verra celle-ci allonger outre mesure ses tiges minces, étiolées et finir par arriver au jour. Il n'est pas rare de voir une pomme de terre, oubliée pendant l'été dans une cave humide, germer et faire grimper le long d'un mur, jusqu'à l'ouverture du soupirail, une tige qui, parfois, atteint deux mètres.

L'action de la lumière sur certaines tiges est extrêmement remarquable; une tige de *Fève*, élevée dans l'obscurité, puis mise en présence d'une source de lumière, s'incline vers elle au bout de seize heures; une tige de *Pois*, après quatre heures et, dans les mêmes conditions, la *Vesce cultivée* n'exige qu'une heure.

La sensibilité de cette dernière plante est tellement considérable, qu'elle peut remplacer avantageusement tous les photomètres. Qu'on en juge !

Si l'on prend deux lampes, d'intensités peu inégales, et qu'au milieu de la distance qui les sépare on place une jeune tige de Vesce, elle s'incline au bout de très peu de temps vers la plus éclairante.

Bien mieux : si on la place à égale distance de deux sources lumineuses *vérifiées égales* à l'aide d'un bon photomètre et par des expérimentateurs exercés, elle s'incline toujours vers l'une des deux, la plus éclairante sans aucun doute, mettant ainsi en faute la sensibilité de l'instrument qui a servi à comparer les intensités.

Cette action de la lumière va nous permettre de

Fig. 4. — Jeune tige de Jasmin traversant les trous d'un carton
pour trouver la lumière.

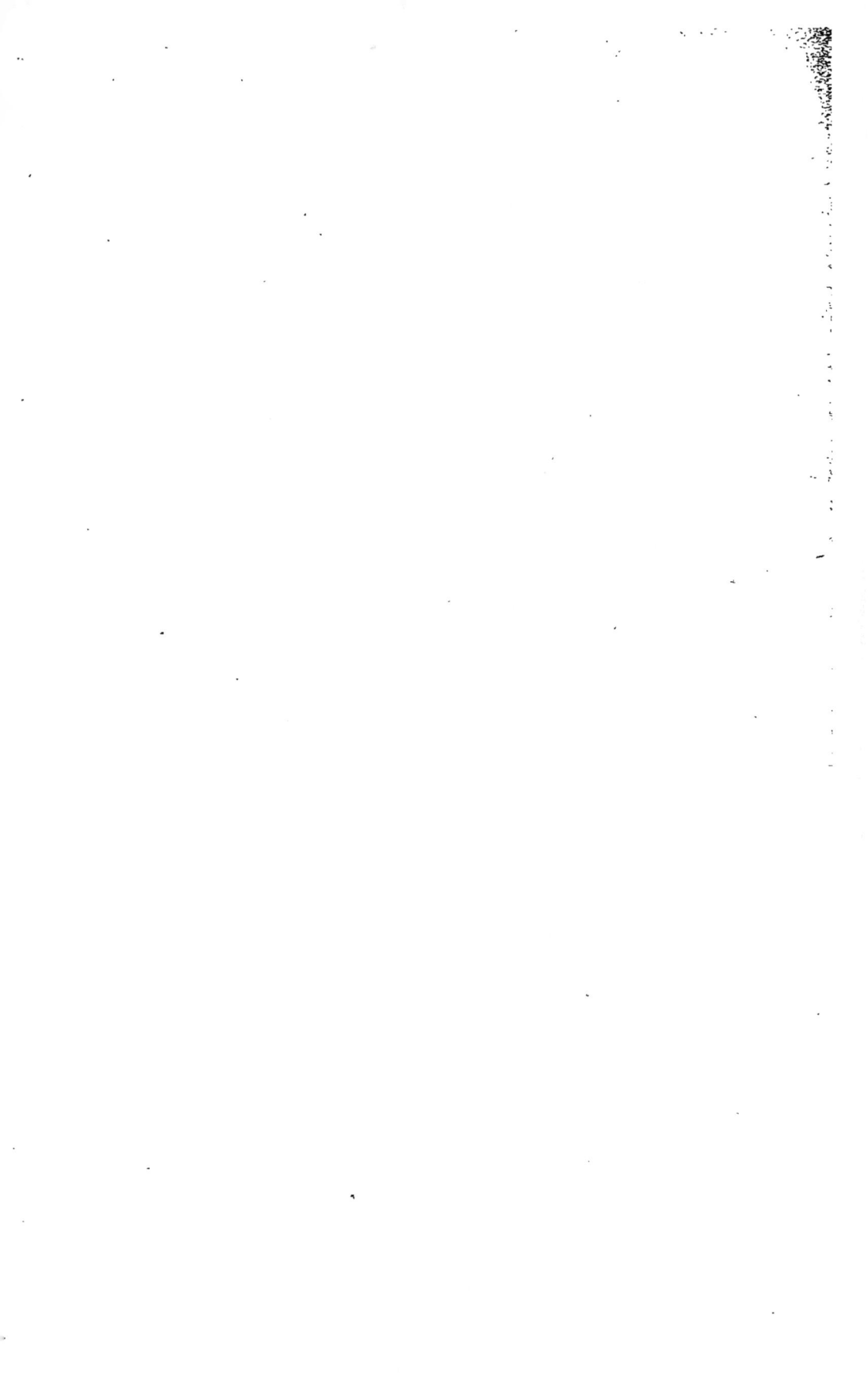

faire exécuter à la tige d'une plante quelques voyages à travers les trous d'un carton.

Pour faire l'expérience, on peut employer une herbe comme la Luzerne, la Jarosse, etc., qu'on sème à cet effet, ou bien un arbuste à branches assez souples comme un jeune Rosier ou un Jasmin.

Devant la plante on place une feuille de carton assez grande pour empêcher la lumière de lui parvenir. Ce carton est percé d'un trou de quatre centimètres environ de diamètre.

On voit peu à peu la tige la plus rapprochée se diriger vers l'unique ouverture, la traverser pour venir s'étaler en pleine lumière et croître ensuite presque verticalement. Quand elle a atteint une certaine longueur, on retourne l'ensemble de façon que la plante soit en pleine lumière et le carton du côté de l'appartement.

La tige qui a traversé se trouve maintenant dans une obscurité relative.

On perce alors un second trou à quelques centimètres au-dessus du premier et l'on voit la malheureuse tige se diriger vers la porte de salut qui lui est offerte et la franchir aussi victorieusement que la première fois.

On peut recommencer ce jeu pendant quelques jours et, en disposant convenablement les ouvertures, faire courir la tige en zigzag des deux côtés du carton (*fig.* 4).

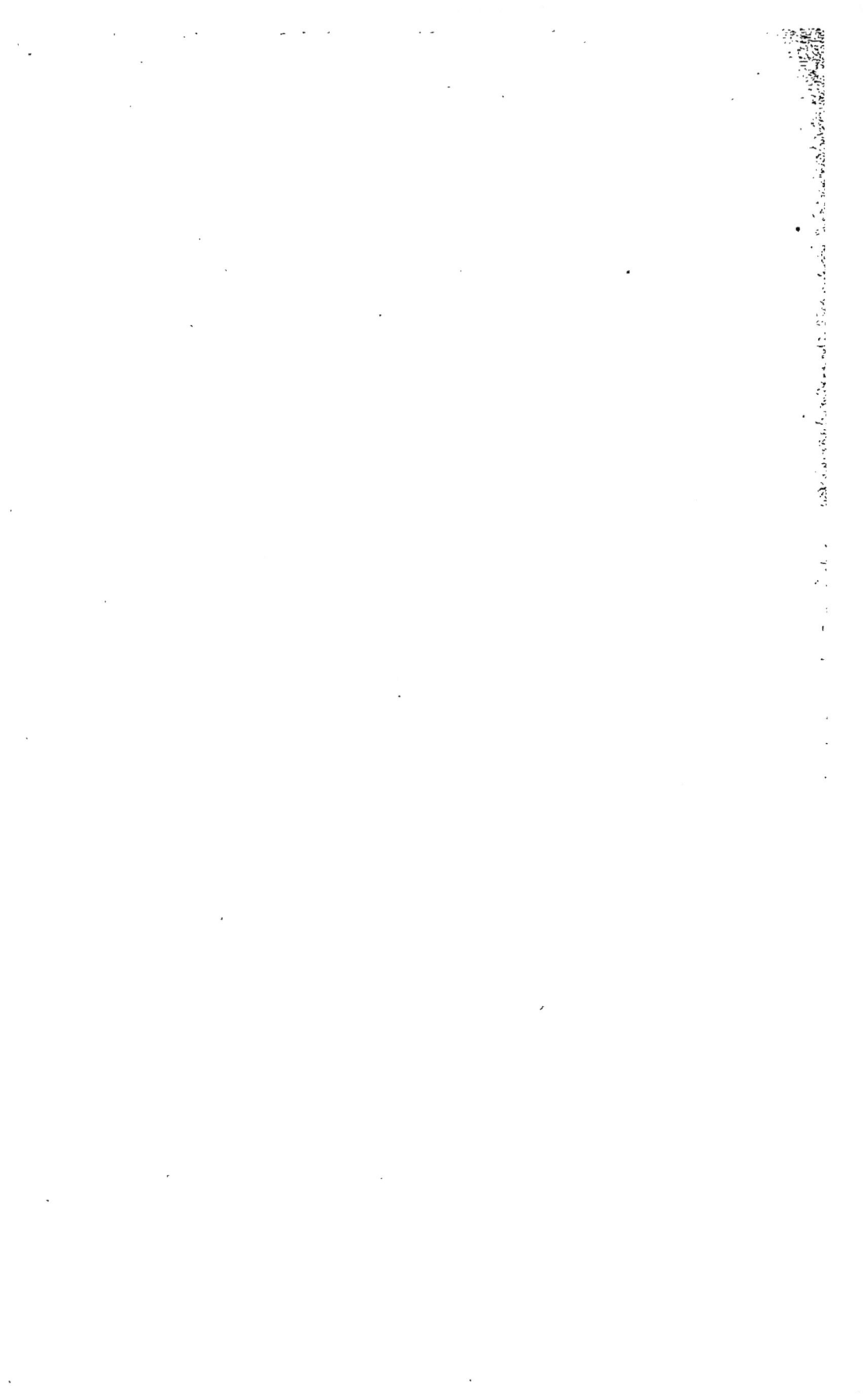

LES CANNES RUSTIQUES

Faire de longues courses à travers les bois est un exercice toujours salutaire auquel, suivant la saison, viennent s'ajouter des plaisirs variés qui peuvent satisfaire les goûts les plus différents. Le simple promeneur aspire, à chaque pas, la douce senteur de la violette ou du muguet et résiste rarement à la tentation de faire un bouquet de ces fleurs charmantes ; l'enragé botaniste, tout entier à sa passion, marche avec rapidité, les yeux fixés sur le sol, cherchant partout la plante rare qui doit faire la gloire de son herbier ; le gourmand, peu sensible au charme des fleurs, s'arrête à chaque instant pour cueillir les baies aigrelettes des groseilliers, les fruits rouges du framboisier sauvage, les petites fraises des bois, à l'exquise saveur, qui rafraîchissent ses lèvres altérées.

Si vous le voulez, cher lecteur, nous irons, nous aussi dans les bois en nous rangeant parmi les excursionnistes de la première catégorie ; mais pour donner un but à notre promenade, nous nous proposerons de rechercher, parmi les arbres de la forêt, des branches pouvant servir à la confection de cannes.

Les éléments de cette fabrication ne manquent pas, mais encore est-il bon de les choisir avec beaucoup de soin, tant sous le rapport de la résistance que sous celui de la forme ou de la grosseur.

Voici d'abord l'*Épine noire* ou *Prunier épineux*, qui porte encore quelques prunelles; ses nombreuses branches garnies d'aiguillons forment un buisson d'aspect peu rassurant pour l'épiderme. Une branche bien droite, grosse comme le doigt, séparée de tous ses rameaux, nous fournira, quand nous en aurons poli, puis verni la surface, une canne à la fois légère et résistante.

Les branches du *Cerisier Mahaleb*, commun dans nos bois où il épanouit en avril ses fleurs blanches qui sentent l'aubépine, donnent des bâtons légers, susceptibles d'un beau poli et qui prennent de fort jolies teintes sous l'action des vernis.

Le *Houx*, aux feuilles piquantes, aux branches chargées de fruits rouges, nous fournira des baguettes dures et légèrement flexibles, et à l'aide d'une branche de *Buis* un peu plus grosse que le pouce, nous pourrons faire une canne lourde, résistante, capable d'assommer un bœuf et néanmoins fort présentable, quand nous l'aurons polie et vernie.

Si nous tenons surtout à l'originalité, nous n'aurons pas besoin de chercher longtemps pour trouver les matériaux nécessaires à la réalisation de notre fantaisie.

Les jeunes tiges d'*Ormeau* sont souvent quadrangulaires, grâce à une couche de liège inégalement épaisse. Cette écorce, striée d'une façon bizarre, présente parfois de fort jolies nuances métalliques qui permettent d'utiliser la branche, sans autre préparation qu'une légère friction au papier de verre à ses deux extrémités.

Certains rameaux noueux, irréguliers, renflés à leur origine ou sur leur trajet, pourront être transformés en une canne au sommet de laquelle nous obtiendrons, à l'aide du renflement entaillé d'une façon plus ou moins artistique, une tête d'animal ou un masque grotesque, souvent indiqué déjà par la nature qui se plaît à ces jeux.

Que diriez-vous maintenant d'une jolie canne, à bois spiralé, comme celle que brandissaient les Incroyables à la fin du siècle dernier?

Regardez autour de vous. Voyez ce chèvrefeuille qui grimpe en s'enroulant jusqu'au sommet de cette jeune branche. Il y a longtemps déjà qu'il l'enserre ainsi, comme l'indique le profond sillon dans lequel il disparaît presque. Remarquez qu'au dessus de ce sillon est un énorme bourrelet qui n'a pas son correspondant en dessous; il est dû à l'arrêt de la sève descendante déterminé par l'étreinte du chèvrefeuille. Cette ligature obstrue les vaisseaux que doit suivre le liquide nourricier; celui-ci ne pouvant circuler forme de nouveaux tissus; la tige se gonfle au-dessus du lien qui l'étouffe; son écorce peut même déborder et finir par recouvrir l'étrangleur.

Coupez maintenant la branche à bonne longueur (*fig.* 5), enlevez la guirlande de chèvrefeuille incrustée dans le bois et vous aurez en main une canne d'Incroyable; il ne s'agira plus que de la dégrossir.

Fig. 5. — Les cannes rustiques.

LA RACINE

Fig. 6. — Germination de Haricots sur une plaque de marbre.
Sillons creusés par les racines.

II

LA RACINE

GRAVURE SUR MARBRE PAR LES RACINES
D'UN HARICOT

Le sol et l'air sont également indispensables à la vie de la plante; les feuilles sont chargées de puiser dans l'air les substances qui lui sont utiles, tandis que les racines vont les chercher dans le sol.

Cette absorption de l'eau du sol, avec les sels et les gaz qu'elle tient en dissolution, a lieu par des filaments formant vers la pointe de la jeune racine une zone qu'on appelle *assise pilifère*.

La pointe de la racine, recouverte d'un petit chapeau appelé *coiffe*, n'a aucun rôle dans l'absorption; il en est de même des parties de la racine dépourvues de *poils absorbants*.

Mais, en même temps que se produisent dans la racine des courants de gaz et de liquides allant de dehors en dedans, elle est le siège de courants en sens inverse; elle exhale des gaz, notamment de l'acide carbonique, qui, en se dissolvant dans l'eau voisine, lui communique la propriété de dissoudre le carbonate de chaux, même très compact comme le marbre.

De plus, les poils absorbants laissent dégager un liquide acide qui exerce une sorte de digestion sur les substances minérales les plus dures.

Ces phénomènes peuvent être mis en évidence par une expérience bien simple.

On prend une plaque de marbre, qu'on recouvre d'une couche de quelques centimètres de sable fin, dans lequel on sème quelques Haricots.

Cette plaque de marbre peut être placée au fond d'un vase à bords peu élevés, comme ceux qu'emploient les jardiniers pour semer les plantes destinées au repiquage ; ou bien, on peut l'entourer tout simplement, comme le représente la figure, d'un rebord formé par un mastic quelconque.

On arrose tous les jours les graines placées dans le sable, au bout de peu de temps elles germent, quelques feuilles apparaissent, puis bientôt une abondante végétation (*fig.* 6).

Le développement des plantes cessera bientôt, car ce ne sont pas les matériaux contenus dans le sable qui pourront les nourrir, et quand toute la réserve de nourriture que possèdent les cotylédons de la graine aura été dévorée par la plante, celle-ci n'aura plus qu'à périr.

On arrachera alors les jeunes plantes, on enlèvera

le sable, et sur le marbre, on verra des sillons tracés profondément, s'entre-croisant et reproduisant net-tement la forme des racines.

Il est évident que ce n'est pas leur pression qui a creusé le marbre, mais bien une action chimique.

------+++------

LES VOYAGES D'UNE RACINE A LA RECHERCHE
DE L'HUMIDITÉ

Nous avons vu que la tige principale des plantes se dirige toujours, verticalement, en sens inverse de la pesanteur ; c'est le contraire pour la racine principale : son *géotropisme est positif*, on peut le vérifier, tout aussi aisément que pour la tige, sur la jeune racine qui vient de percer les téguments d'une graine en germination, à l'abri de toute lumière, dans un verre contenant de l'eau.

En considérant ces directions opposées prises par la tige et par la racine, on peut paraître étonné tout d'abord de les voir expliquées par l'action de la terre. Il semble bien plus simple d'admettre que la racine se dirige toujours de haut en bas, parce que c'est dans le sol qu'elle doit exercer ses fonctions, tandis que la tige se dirige de bas en haut à la recherche de l'air et de la lumière. En réalité, il n'en est rien, comme le montre l'expérience classique dite du *pot retourné*.

On sème une graine quelconque dans un pot à fleurs ordinaire rempli de terre ; après avoir recouvert la terre d'un treillis métallique pour l'empêcher de tomber, on retourne le vase et on le suspend. Au bout de quelques jours, les jeunes racines sortent par les mailles du treillis et pendent au-dessous du vase, c'est-à-dire en plein air et en pleine lumière, tandis que la tige, conservant elle aussi sa direction normale opposée à celle de la pesanteur, se développe dans la terre en pleine obscurité.

La lumière qui agit fortement sur les tiges, comme nous l'avons montré dans un précédent chapitre, agit-elle aussi sur les racines?

Pour résoudre cette question, il faut se placer dans des conditions particulières, et faire développer les racines dans un vase contenant de l'eau et vivement éclairé d'un seul côté.

On constate alors que la lumière a moins d'action sur les racines que sur les tiges, ce à quoi il était facile de s'attendre.

La plupart des racines fuient la lumière, ce qu'on exprime en disant que leur héliotropisme est né-gatif; au contraire, un petit nombre sont attirées faiblement vers elle.

Mais la cause qui tend surtout à modifier la direction normale des racines, c'est l'humidité. Dans la terre, les racines se dirigent toujours vers les points les plus humides, et y prennent un développe-ment considérable. On dirait même qu'une sorte d'instinct les avertit de la présence de l'eau; c'est ainsi que, profitant des moindres fissures, elles en-vahissent des tuyaux d'irrigation ou de drainage, à la rencontre desquels elles ont longuement cheminé.

Dès qu'elles sont parvenues à y pénétrer, elles se ramifient outre mesure, formant d'énormes tampons,

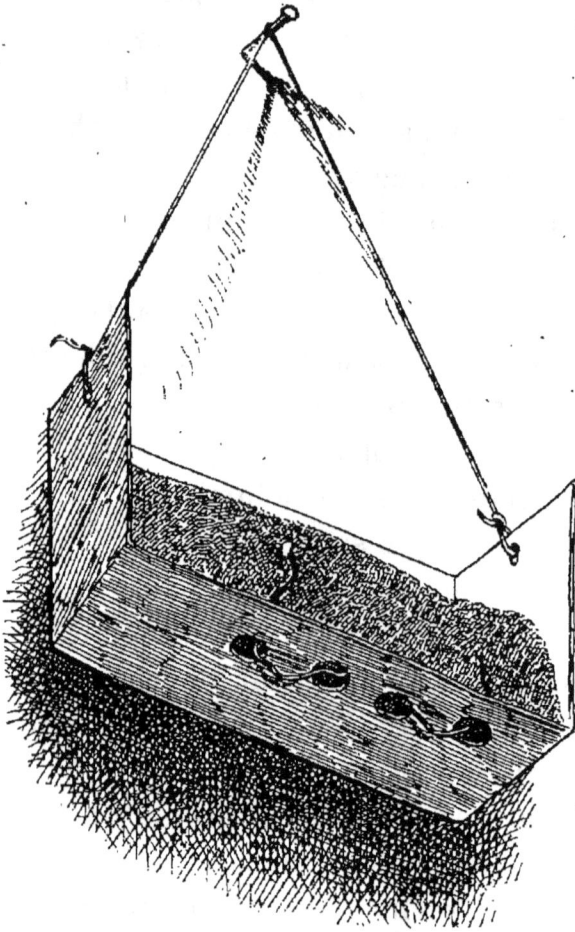

Fig. 7. — Jeune racine traversant les trous d'une boîte pleine de sciure de bois humide.

bien connus des agriculteurs sous le nom de *Queues-de-Renard*, et aussi redoutés par eux, car ils arrêtent la circulation de l'eau et font éclater les tuyaux.

Profitant de cette action de l'humidité, nous allons pouvoir faire accomplir à une racine quelques voyages non moins curieux que ceux d'une tige à la recherche de la lumière.

On se procure une boîte en fer-blanc assez longue — par exemple une boîte de conserves — elle n'a pas besoin d'être profonde. On en perce le fond d'un certain nombre de trous avec un gros clou et un marteau, et on le remplit de sciure de bois qu'on maintient toujours humide, et dans laquelle on a semé une graine — un haricot, si l'on veut — ou plusieurs, pour être plus sûr d'obtenir une germination. On suspend alors la boîte un peu obliquement, comme l'indique notre gravure.

La graine germe, la racine se développe normalement et sort de la boîte par l'un des trous; mais dès que sa pointe est dans l'air, elle se recourbe et rentre par un autre trou dans la boîte, dont l'humidité lui convient mieux. Elle s'y allonge, mais l'humidité étant égale dans tous les sens autour d'elle, l'action de la terre reprend ses droits, et la racine suit de nouveau sa direction normale et sort verticalement par un autre trou, pour rentrer bientôt dans la sciure humide et ainsi de suite (*fig.* 7).

Pour bien réussir, il ne faut pas que l'air qui environne la boîte soit trop sec, ce qui pourrait amener la mort de la jeune racine, il ne faut pas non plus qu'il soit saturé d'humidité, car la racine s'y trouvant bien ne rentrerait plus dans la boîte.

FORMES BIZARRES DE QUELQUES RACINES

Les personnes qui commencent à s'occuper de botanique, entièrement absorbées par l'étude des parties aériennes de la plante, négligent souvent de la déterrer; c'est à tort, car la forme de la racine, la disposition des radicelles leur permettraient, dans les cas douteux, de déterminer exactement l'espèce à laquelle elles ont affaire.

Les racines présentent, en effet, des particularités intéressantes. On sait que la *radicule* de l'embryon donne, lors de la germination, la *racine principale*. Sur celle-ci se développent des *radicelles*, dont la disposition n'est pas livrée au hasard. Il est facile de voir, sur une plante jeune, qu'elles sont placées les unes au-dessous des autres, formant des rangées dont le nombre varie avec l'espèce; il en existe deux dans le *Radis*, trois dans le *Trèfle*, quatre dans la *Carotte* et dans la plupart des Ombellifères, cinq dans la *Scorsonère*.

Une racine est *pivotante*, quand son axe principal, non ramifié, porte seulement des fibres minces (Salsifis); elle est *rameuse*, si ses ramifications sont importantes (Giroflée); elle est *fibreuse* ou *fasciculée*, quand on ne distingue pas de racine principale, et que tous les filaments sont à peu près égaux en grosseur (*Monocotylédones*); enfin, elle est dite *tuberculeuse*, si certaines de ses parties présentent des renflements considérables, que ce soit seulement la racine principale (Betterave), ou à la fois celle-ci et d'autres (Dahlias, Orchidées).

Les renflements que présentent certaines racines, et qui sont destinés à rendre la plante vivace, ont parfois des formes très curieuses qui ont servi à la nommer. Ainsi, la *Ficaire fausse Renoncule*, commune au premier printemps dans tous les bois, doit son nom à ses racines renflées en petites figues; le *Bunium Noix-de-Terre*, de la famille des Ombellifères, s'appelle ainsi à cause de sa racine arrondie en un petit mamelon; et la *Spirée filipendule*, charmante Rosacée qui épanouit en juin ses délicates fleurs blanches dans les bois et sur les coteaux, présente, dans ses parties souterraines, de petites boules qui semblent suspendues à un fil (1, *fig.* 8).

La *Scabieuse succise* doit aussi son nom à la forme de sa racine coupée court et comme tronquée. Il existe même une légende au sujet de cette racine. Ses propriétés seraient si merveilleuses pour guérir un grand nombre de maladies que le diable en personne, irrité de son rôle bienfaisant, viendrait en couper de temps en temps un morceau — autant de moins pour les pauvres humains — et sa dent s'y trouve, paraît-il, toujours marquée. De là, le

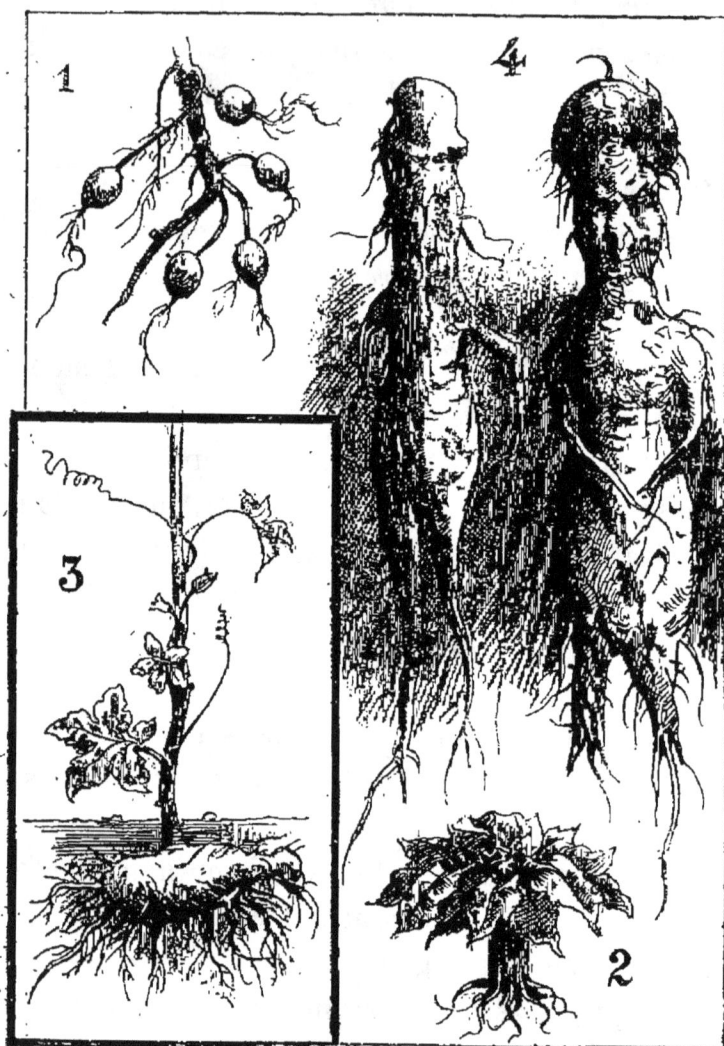

Fig. 8. — Formes variées des racines.
1. Racines de la Filipendule. — 2. La Mandragore. — 3. La Bryone dioïque.
4. Bonshommes en racines.

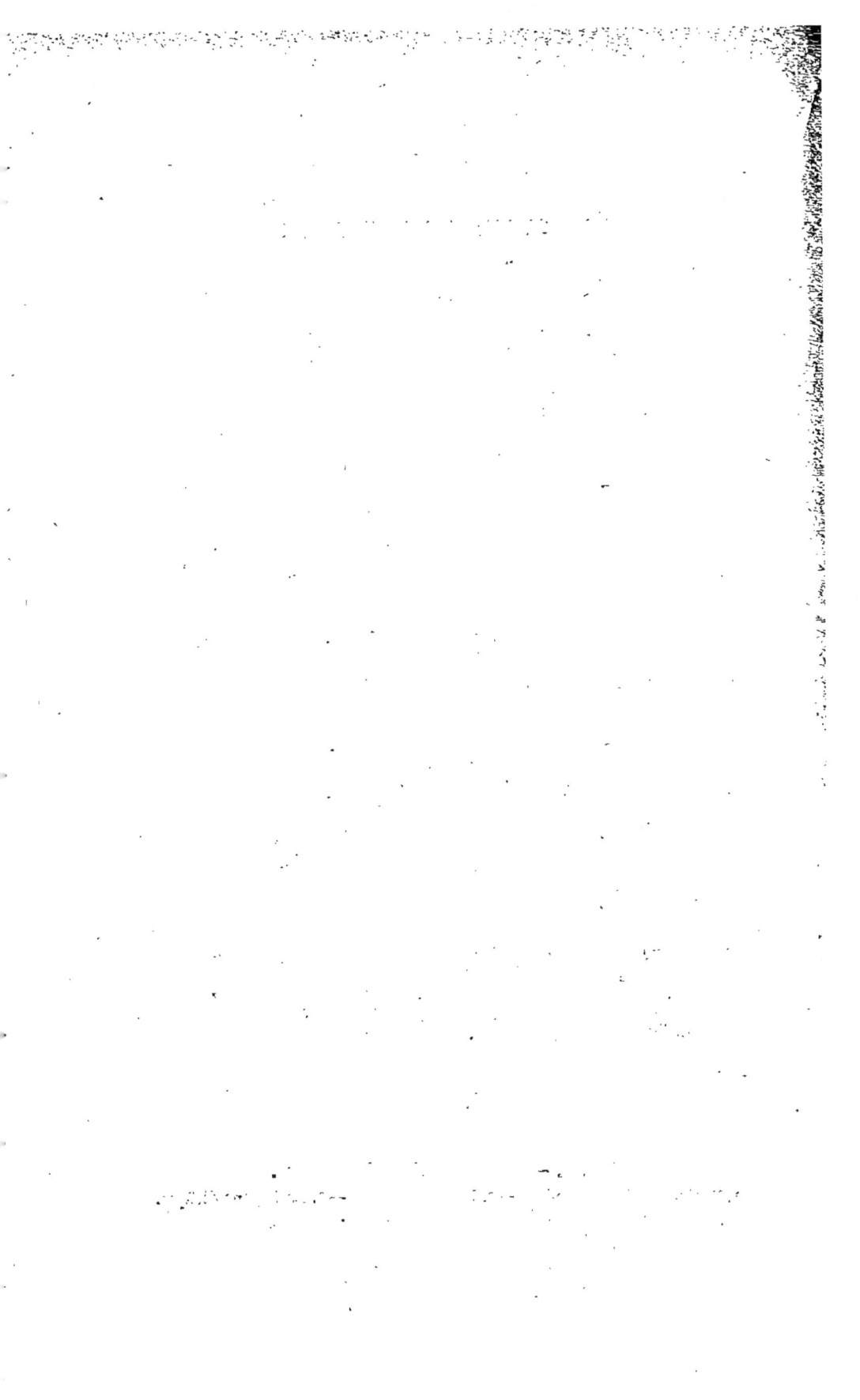

nom de *Mors-du-Diable*, qu'on donne dans les campagnes à la Succise.

Cette légende semble pourtant très croyable, à côté des fabuleux récits auxquels donnaient lieu les formes bizarres des racines de la *Mandragore* (2, *fig.* 8), Solanée célèbre dans les annales de la magie. Elles avaient, d'après les anciens, la forme d'hommes ou de femmes, car il y en avait des deux sexes. Quelles vertus ne devait pas avoir une plante si élevée en organisation ! Aussi les sorciers, les astrologues de tous les temps et de tous les pays, intéressés à perpétuer ces erreurs, ne manquaient pas de se servir pour leurs conjurations des racines de la Mandragore, taillées au préalable de façon à leur donner un semblant de forme humaine.

Comme la Mandragore était rare, qu'il fallait aller la chercher au pied des gibets et l'arracher au prix des plus grands dangers, il est bien probable que les charlatans remplaçaient ses racines par d'autres plus communes, qui n'exigeaient qu'un peu plus de travail préparatoire pour parvenir à la ressemblance cherchée. L'effet produit devait être le même, sans aucun doute : d'une part, les maléfices étaient conjurés ; d'autre part, la bourse du client soulagée ; tout le monde était content.

Si vous vous sentez des dispositions artistiques suffisantes pour tailler dans le bois des bonshommes grotesques — et cela, non pas dans le but d'envoûter vos contemporains, mais simplement dans celui de vous distraire — et si vous désirez que le travail soit déjà bien préparé par la nature, adressez-vous à la *Bryone dioïque*, qui grimpe, à l'aide de vrilles dans tous les buissons, le long de toutes les haies (3, *fig.* 8).

Ses racines sont souvent énormes — ce que la faiblesse de sa tige serait loin de faire supposer — et elles ont parfois des formes étranges. En choisissant avec soin, vous pourrez aisément en tirer, sans grand labeur, des personnages semblables à ceux que représente notre gravure (4, *fig.* 8). La matière première ne coûte pas cher, et, si un premier pied de Bryone arraché ne vous convient pas, rien ne vous empêche d'en déterrer quelques autres, jusqu'à ce que vous trouviez des matériaux à votre convenance, ce qui ne peut manquer de se produire.

LES PLANTES QUI MARCHENT

Les plantes nous montreront des mouvements fort curieux de leurs différentes parties, mais nous en verrons rarement se déplacer tout d'une pièce et quitter un endroit qui ne leur plaît pas, pour un autre à leur convenance. C'est pourtant ce que fit, un beau jour, un Chêne de Ville-d'Avray.

Il vivait tant bien que mal — plutôt mal — au sommet d'un rocher sur lequel sa graine avait germé, apportée sans doute par un coup de vent. Au bas de la roche était une terre profonde, fertile, toujours humide, tentation continuelle pour le pauvre souffreteux. Que fit-il? Il détacha de la base de sa tige une racine qui, filant le long de la roche, atteignit le sol (*fig.* 9), s'y enfonça et acquit bientôt un tel développement qu'elle semblait être le prolongement du tronc. Cette nouvelle tige grossit rapidement tandis que disparaissaient les racines restées au sommet de la roche.

Un Érable, juché sur la partie supérieure d'un mur, dans le canton de Galloway, quitta de la même façon son perchoir pour venir s'étaler dans la terre plantureuse située trois mètres plus bas.

Et que pensez-vous du voyage accompli par le

Groseillier dont Murray raconte l'histoire? Ce Groseillier vivait fort heureux dans un jardin, rien ne lui manquait, quand un mur abattu amena des infiltrations d'eau minérale dans le sol qui le nourrissait. Il jaunissait et allait périr lorsqu'il eut l'heureuse idée de diriger l'une de ses branches vers une partie légèrement élevée et protégée contre les infiltrations par un petit massif de maçonnerie. La branche atteignit le sol, des racines se formèrent aux points de contact, et cette branche émigrante devint le tronc du Groseillier, tandis que la tige primitive restée dans le terrain inhospitalier disparaissait bientôt.

Voilà donc un Chêne, un Érable, qui descendent sans plus de façon, d'un rocher ou d'un mur; un Groseillier qui se déplace d'un mètre, non pas sans doute avec la légèreté de l'oiseau, mais enfin avec une rapidité et surtout une volonté qu'on eût été loin de soupçonner.

Ce sont là des faits exceptionnels, des circonstances dont ne peuvent profiter que certaines plantes privilégiées; où elles se sont sauvées, mille autres auraient péri; mais il existe un grand nombre de plantes vivaces, à tige herbacée, pour lesquelles, au contraire, ces déplacements sont de règle; on les a désignées souvent sous le nom de *plantes qui marchent.*

Oh! elles ne marchent pas avec une grande rapidité; n'allez pas croire que vous allez soudainement les perdre de vue; il faut bien à certaines d'entre elles un an pour faire un centimètre, mais leur progression n'en est pas moins intéressante à constater.

Le *Fraisier*, la *Violette*, la *Bugle*, la *Piloselle* rampent à l'aide de *stolons* qui développent des racines aux points où ils sont en contact avec le sol. Il s'y forme une nouvelle plante qui, à son tour, produira des stolons rampants.

Un Fraisier qu'on laisserait se livrer à sa fantaisie pendant dix ans, par exemple, dans un champ, formerait une colonie dont les plus jeunes individus seraient à une distance énorme de la plante dont ils proviennent, laquelle aurait disparu depuis longtemps.

Le *Sceau-de-Salomon*, qui montre en avril, dans les bois, ses petites fleurs blanches pendantes, se déplace par un autre procédé. Il possède un rhizome qui porte un bourgeon à son extrémité. Au printemps, ce bourgeon donne la tige aérienne qui meurt à l'automne en laissant une cicatrice arrondie à laquelle la plante doit son nom. Le nouveau bourgeon terminal qui s'est formé s'allonge sous le sol pendant l'hiver et, au printemps suivant, donne une tige aérienne située en avant et à une petite distance de l'endroit où l'on voyait celle de l'année précédente (2, *fig.* 9). Ainsi le rhizome s'allonge sous le sol à mesure qu'il se détruit par son extrémité la plus ancienne.

Le *Muguet*, l'*Iris*, le *Carex* (3, *fig.* 9), etc., se déplacent de même à l'aide d'un semblable organe de locomotion, qui leur permet d'accomplir lentement des trajets que rien ne limite.

Le plupart des Orchidées de nos prairies et de nos bois ont encore une façon plus bizarre de voyager : elles mettent environ un demi-siècle pour revenir à leur point de départ après avoir décrit une circonférence qu'elles recommencent ensuite à parcourir dans le même sens.

En déterrant l'une d'elles au mois d'avril, on voit qu'elle présente deux tubercules radicaux : l'un noir, ridé, flétri, presque desséché ; l'autre blanc et renflé (1, *fig.* 9). Le premier a servi à former les tiges et les feuilles qui émergent du sol ; le second passera l'hiver dans la terre et produira l'an prochain une tige aérienne ; mais lorsqu'à son tour il sera noir et ridé, un autre tubercule blanc sera formé et ainsi de suite ; *toujours du même côté.* Telle est l'explication de cette curieuse promenade qui permet à la plante de plonger, chaque année, ses racines dans un sol nouveau.

Fig. 9. — Le chêne de Ville-d'Avray.

1. Tubercules d'Orchis. — 2. Rhizome du Sceau-de-Salomon.
3. Rhizome de Carex.

LA FEUILLE

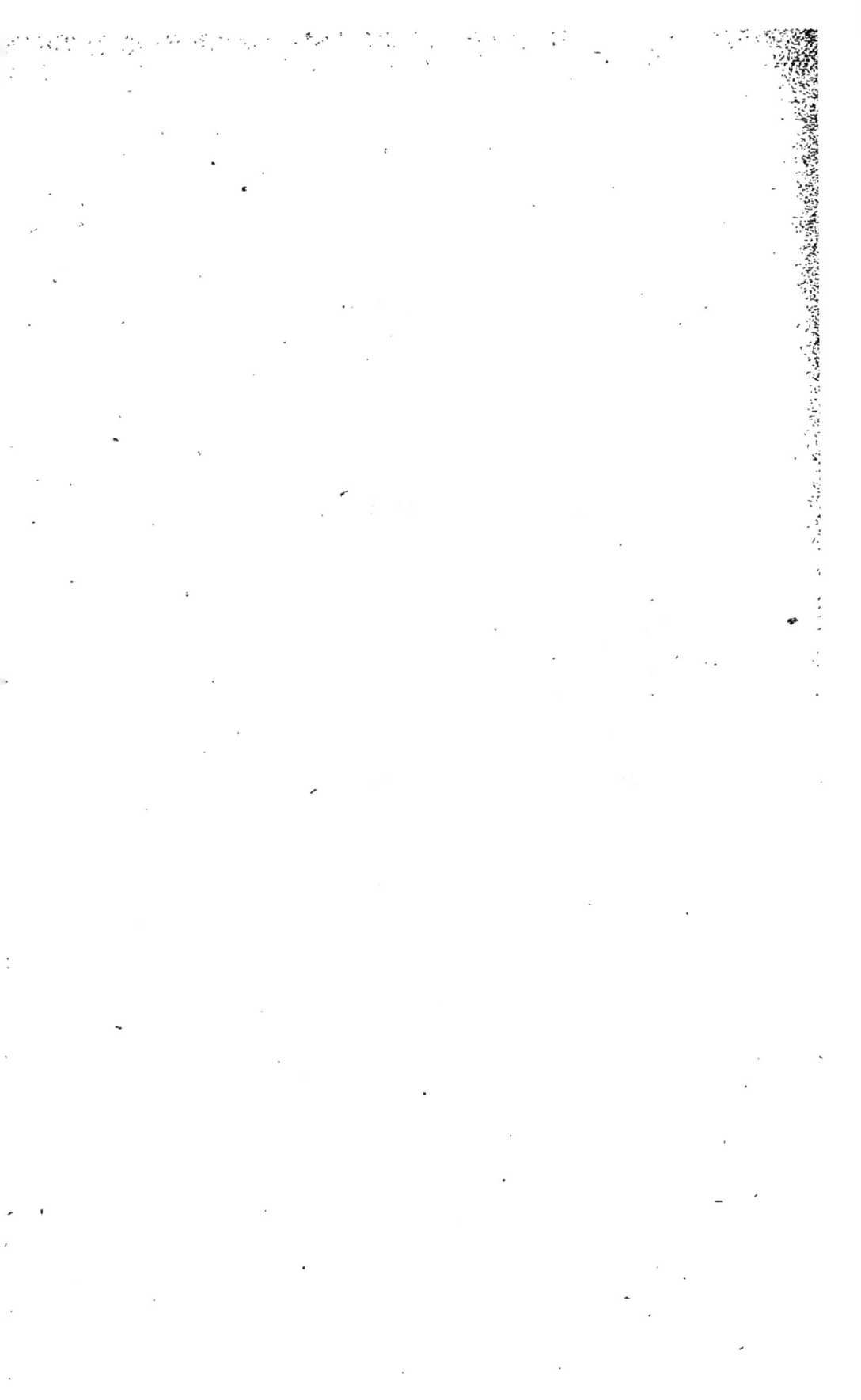

III

LA FEUILLE

~~~~~~~~~~

LE CABARET DES OISEAUX

— D'où proviennent les gouttelettes d'eau que l'on remarque sur les feuilles des plantes pendant les fraîches matinées du printemps et du commencement de l'automne?

— Parbleu, direz-vous, voilà une singulière question! Le premier enfant venu vous dira que c'est la rosée qui en est la cause, la rosée dont les poètes de tous les pays ont célébré mille fois les gouttelettes tremblantes qui brillent comme des perles à l'extrémité des feuilles. Eh! mon ami, retournez à l'école, on vous apprendra que la rosée est produite par la condensation de la vapeur d'eau contenue dans l'air, au contact des feuilles et de tous les autres corps, quels qu'ils soient, refroidis par la radiation terrestre; ainsi se couvre de rosée la carafe remplie d'eau fraîche qu'on pose sur une table pendant les chaleurs de l'été.

— D'accord, et je suis tout à fait convaincu par la radiation terrestre, mais je modifie alors ma question. Croyez-vous que la rosée qui recouvre les feuilles — je ne parle que de celle-là — soit due entièrement à la condensation de la vapeur d'eau de l'atmosphère? Je vois que vous êtes plus embarrassé que tout à l'heure, aussi je m'explique. Pendant la journée, surtout en plein soleil, tous les organes des plantes, tige, feuilles, fleurs, fruits, graines *transpirent;* c'est-à-dire qu'ils exhalent, sous forme de vapeur, une grande partie de l'eau soutirée au sol par les racines. C'est surtout par les feuilles que la transpiration est active; vous pourrez vous en assurer en appliquant la main sur une feuille encore attachée à la plante dont elle fait partie et exposée au soleil, vous éprouverez une impression de fraîcheur due à l'évaporation de l'eau de la sève brute.

Au coucher du soleil, cette transpiration cesse presque brusquement, cependant les racines continuent à absorber de l'eau dans le sol, une pression s'établit dans la plante et l'eau sort sous forme de gouttelettes qui perlent à la surface des feuilles et grossissent peu à peu. Ce phénomène cesse quand le soleil est assez haut sur l'horizon et la transpiration sous forme de vapeur reparaît; mais les gouttes d'eau de la nuit sont encore là, réunies à celles qui proviennent de la rosée proprement dite.

— Monsieur le savant, puisque vous répondez si bien aux questions que vous vous posez, laissez-moi vous interroger à mon tour. Je ne suis pas poète et n'ai jamais comparé à des diamants les gouttes de rosée, mais j'ai remarqué néanmoins qu'elles sont extrêmement transparentes et semblent parées de toutes les couleurs de l'arc-en-ciel. Est-ce un effet de l'imagination?

— Votre remarque est exacte. L'eau qui provient de la transpiration nocturne de la plante a traversé, dans son long trajet de la racine jusqu'aux feuilles, un grand nombre de membranes cellulaires qui l'ont filtrée; elle est donc d'une limpidité absolue; de plus, elle a dissous une petite quantité du sucre et des sels qu'elle a rencontrés sur son chemin; son indice de réfraction est donc plus grand que celui de l'eau ordinaire à laquelle elle ne ressemble pas plus qu'un cristal étincelant à un fragment de verre à vitres.

— Laissez là vos comparaisons prétentieuses et dites-moi plutôt pourquoi les gouttes de rosée sont alignées sur les nervures des feuilles, à peu près à égale distance les unes des autres, les plus volumineuses sur les plus grosses nervures, les moindres sur les plus petites? Quelle main mystérieuse les dispose ainsi?

— Je veux qu'à votre tour vous répondiez vous-même aux questions que vous posez. Arrachez ce trèfle qui pousse à vos pieds et plongez-le dans l'eau du ruisseau; vous voyez que ses feuilles sont couvertes d'une couche argentée, sauf la nervure médiane qui, seule, est mouillée. Cette couche argentée est de l'air que les feuilles ont la propriété de condenser énergiquement; il les entoure d'une gaine assez épaisse et très adhérente. Mais vous avez laissé le trèfle dans l'eau, voyez, l'air s'est dissous et toute la surface des feuilles, également mouillée, présente un aspect uniforme.

— Je comprends maintenant, et votre couche d'air doit être la main mystérieuse dont je parlais tout à l'heure. Sur toutes les parties protégées par les gaz atmosphériques condensés, la rosée se dépose moins parce que, mauvais conducteurs de la chaleur, ils opposent un obstacle au refroidissement nocturne; d'ailleurs se formerait-elle sur ces parties, elle ne saurait s'y fixer puisqu'elle ne les mouille pas; les gouttes glissent donc jusque sur les nervures, non recouvertes par la couche d'air, et s'alignent comme des rangées de petits verres que viennent boire les oiseaux.

— La feuille, humide de rosée, reçoit en effet la visite des oiseaux, mais le soleil a bien vite fait d'évaporer les tremblantes gouttelettes; heureusement pour se désaltérer pendant la journée, ils ont les ruisseaux, les flaques d'eau, enfin ils ont aussi leurs cabarets.

Approchons-nous de ces tiges, hautes comme un homme, qui croissent dans ce terrain inculte et qui

Fig. 10.
La Cardère sylvestre, cabaret des oiseaux.

sont terminées par des sortes de têtes de loup d'aspect peu engageant (*fig. 10*). C'est la *Cardère sylvestre* (*Dipsacus sylvestris*) ou le *Cabaret des oiseaux* comme l'appellent avec raison les paysans. Les feuilles, opposées deux à deux, sont soudées par leur base, formant une sorte de réservoir qui entoure la tige et dans lequel s'accumulent la rosée et l'eau provenant des pluies; ce pied vigoureux en contient certainement près d'un demi-litre.

Cette réserve d'eau, utile aux oiseaux, est non moins utile à la plante; car les insectes sans ailes qui voudraient aller en manger les fleurs doivent, au préalable, grimper le long de la tige et ils en sont fort empêchés par ce lac. D'ailleurs, pendant les chaleurs de l'été, si, loin de toute habitation, une soif ardente vous torturait, avouez que vous n'hésiteriez pas à boire une bonne gorgée d'eau claire à ce cabaret des oiseaux.

LA GRAINE

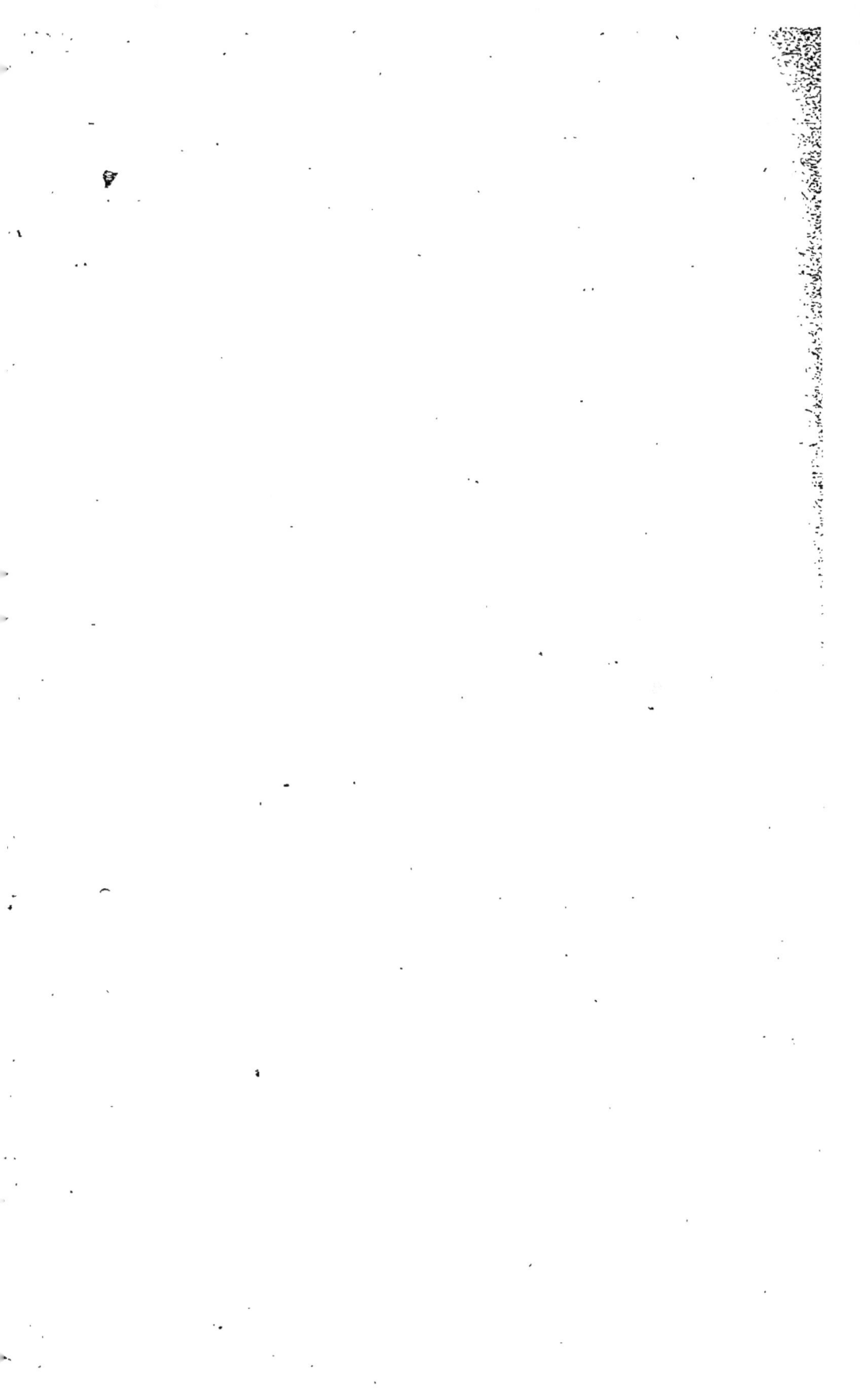

IV

LA GRAINE

~~~~~~~~

UNE CULTURE DANS DU COTON

Les plantes qui doivent vivre plus d'une année semblent avoir une prévoyance merveilleuse ; elles mettent en réserve dans leurs racines, dans leur tige souterraine ou dans des écailles spéciales, des substances nutritives qui passeront l'hiver enfouies dans le sol, à l'abri de la gelée et qui, au printemps suivant, permettront le développement de nouvelles parties aériennes.

Leur prévoyance va même plus loin et toutes les plantes, les annuelles comme les vivaces, mettent en réserve, dans la graine, une provision de nourriture pour leur descendance.

Pendant la première phase de leur développement, les jeunes plantes ont donc tout ce qui leur est nécessaire ; elles n'ont pas besoin d'aller chercher leur vie dans le sol. Trois choses seulement leur sont indispensables : l'air, l'humidité et une température ni trop élevée, ni trop basse.

Aussi peut-on, sans grands soins, obtenir dans les appartements des végétations luxuriantes, dont quelques-unes présentent un véritable cachet d'originalité.

Chacun, par exemple, peut s'offrir le luxe de posséder un Chêne dans un verre d'eau. Il suffit pour cela de traverser un gland dans le sens de son axe par un fil solide qu'on attache autour d'un vase rempli d'eau. De cette façon le gland flotte à la surface du liquide sans pouvoir s'y promener. On voit bientôt se développer une radicelle qui s'allonge vers le fond, puis la partie supérieure de la graine s'ouvre, il en jaillit une petite tige garnie de deux feuilles délicates et tendres. Inutile d'ajouter que, si l'on veut plus tard s'asseoir à l'ombre de ce Chêne, il faut s'empresser de le retirer de l'eau après cette première période et de le planter dans le sol.

On peut se procurer un curieux petit jardin d'appartement en semant, dans les trous d'une éponge humide, des graines variées qui germeront et donneront bientôt une boule de verdure d'un curieux effet. Dans certains pays froids, où la verdure est considérée comme un véritable phénomène, on ensemence une toile humide de graines à germination facile et au bout de quelques jours on obtient une véritable pelouse en miniature. D'ailleurs, elle ne tarde pas à se faner, car le *terrain* sur lequel on l'a semée ne saurait fournir de nourriture aux jeunes plantes quand elles ont épuisé les réserves contenues dans leurs graines.

Fig. 11. — Une culture dans du coton.

Tout le monde connaît ces boules de verdure qu'on obtient en répandant à la surface d'un vase poreux, comme un alcarazas, des graines, un peu mucilagineuses, par exemple, celles du Lin ou du *Cresson alénois.*

L'humidité qui suinte à travers les pores de l'al-carazas rempli d'eau suffit pour ramollir les graines qui germent et développent de petites tiges munies de quelques feuilles.

On peut remplacer l'alcarazas par une bouteille en verre ordinaire autour de laquelle on a cousu une toile, terrain sur lequel on fait des semailles.

Enfin nous indiquerons un dernier procédé très commode, véritable culture dans du coton.

On prend à la main une petite masse de coton non hydrophile, et on y place des graines de diverses sortes : du Lin, du Trèfle rouge, du Pourpier, des Graminées. On retourne le coton plusieurs fois de façon à répartir uniformément les graines et on le fait flotter à la surface d'un vase rempli d'eau qu'il doit recouvrir tout entière. Il ne doit pas former une couche trop épaisse de façon à être facilement imbibé par l'eau.

Les graines se gonflent, germent; les radicelles percent et s'enfoncent dans l'eau du vase qu'on renouvelle de temps en temps, tandis qu'à l'orifice apparaît une jolie gerbe de feuilles de formes et de colorations variées (*fig.* 11).

PROCÉDÉS EMPLOYÉS POUR HATER LA GERMINATION

Pour qu'une graine germe, il faut des conditions de deux ordres, les unes internes, dépen-
dant de la graine même; les autres externes ou de
milieu.

D'abord, la graine doit être mûre; encore est-il
de nombreuses exceptions, car les graines de la
plupart des Légumineuses et de quelques Graminées peuvent germer dès qu'elles ont atteint la
moitié de leur développement.

Inversement, il faut qu'elle ne soit pas trop vieille
ou, comme on dit, qu'elle ait encore son pouvoir
germinatif. La longévité des graines est d'ailleurs
fort variable. Celles dont l'*albumen* est corné, comme
le Café, sont incapables de germer au bout de
quelques jours; les graines oléagineuses, au bout de
quelques mois, car l'huile qu'elles contiennent ran-
cit et tue l'embryon. Sans parler du fameux *Blé de
Momie* trouvé dans les anciens tombeaux égyptiens
et dont la germination est plus que douteuse, on a
obtenu une végétation superbe avec des Haricots
extraits de l'herbier de Tournefort, où ils étaient
conservés depuis la fin du xviie siècle.

Comme conditions externes, nous savons que trois

sont nécessaires : l'humidité, la chaleur — pas trop élevée cependant — et l'oxygène.

Quand toutes ces conditions sont réunies, la graine donne une nouvelle plante; si une seule manque, elle ne germe pas.

Le sol n'est pas indispensable à la germination ; la plantule n'en tire aucune nourriture pendant les premiers temps de sa vie, car elle a tout ce qu'il lui faut dans sa graine, comme l'embryon de poulet dans son œuf. Ce n'est que lorsque ses racines sont développées qu'elle commence à utiliser les matériaux du sol dont elle ne saurait désormais se passer.

Mais dans l'énumération que nous venons de faire des conditions nécessaires à la germination des graines, nous avons oublié un facteur important : le temps. La durée de la germination est très variable ; alors que certaines graines, comme celles du Cresson alénois, germent en une journée, d'autres comme celles du Pêcher, du Rosier, du Noisetier, exigent un an ou deux.

Peut-on hâter la germination des graines? Certainement; et en employant différentes substances, on obtient des développements dont la rapidité tient du prodige.

Des graines de Cresson alénois placées au soleil dans de l'eau légèrement chlorée (2 gouttes d'eau de chlore dans 60 grammes d'eau) germent complètement en six heures; mais il faut surveiller avec soin l'opération et dès que la radicule apparaît, enlever l'eau et laver les graines. L'action du chlore s'explique aisément ; sous l'influence de la lumière, il décompose l'eau, s'empare de son hydrogène et met l'oxygène en liberté, c'est cet oxygène *naissant* qui accélère le développement. — Si l'on voulait employer ce procédé pour des graines dures, il faudrait au préalable les faire tremper dans l'eau ordinaire pendant quelques heures pour leur permettre d'absorber plus facilement le réactif.

Les substances alcalines comme l'ammoniaque, la potasse, la soude, en solution très étendue, activent aussi la végétation des graines.

Une autre méthode fort curieuse est celle qui a été indiquée par M. Ragoneau, dans l'*Almanach de la Société d'horticulture de l'Ain* pour 1885. Elle consiste à arroser les graines avec une solution d'acide formique au 1/5000. En combinant cette action avec une température de 25 à 30°, M. Ragoneau est parvenu à faire germer en huit ou dix heures des graines qui demandent habituellement huit ou dix jours. L'acide, en dissolvant rapidement les téguments de la graine, rend évidemment plus prompte la pénétration des liquides ; de plus, il se pourrait qu'il eût, vis-à-vis de la graine, une action comparable à celle du suc gastrique chez l'animal, c'est-à-dire qu'il facilitât l'absorption de certains produits alimentaires.

Cette propriété de l'acide formique est depuis

longtemps mise à profit, d'une façon indirecte, par les fakirs de l'Inde. Ils choisissent une fève tendre, à peine mûre, et ils la placent dans de la terre *extraite d'une fourmilière* et abondamment arrosée. Bientôt, la chaleur aidant, une jeune tige émerge, puis de petites feuilles dont le développement a lieu avec une rapidité inouïe sous les yeux émerveillés des Hindous qui attribuent ce prodige à la seule puissance du fakir (*fig.* 12).

Fig. 12. — Fakir faisant germer une graine.

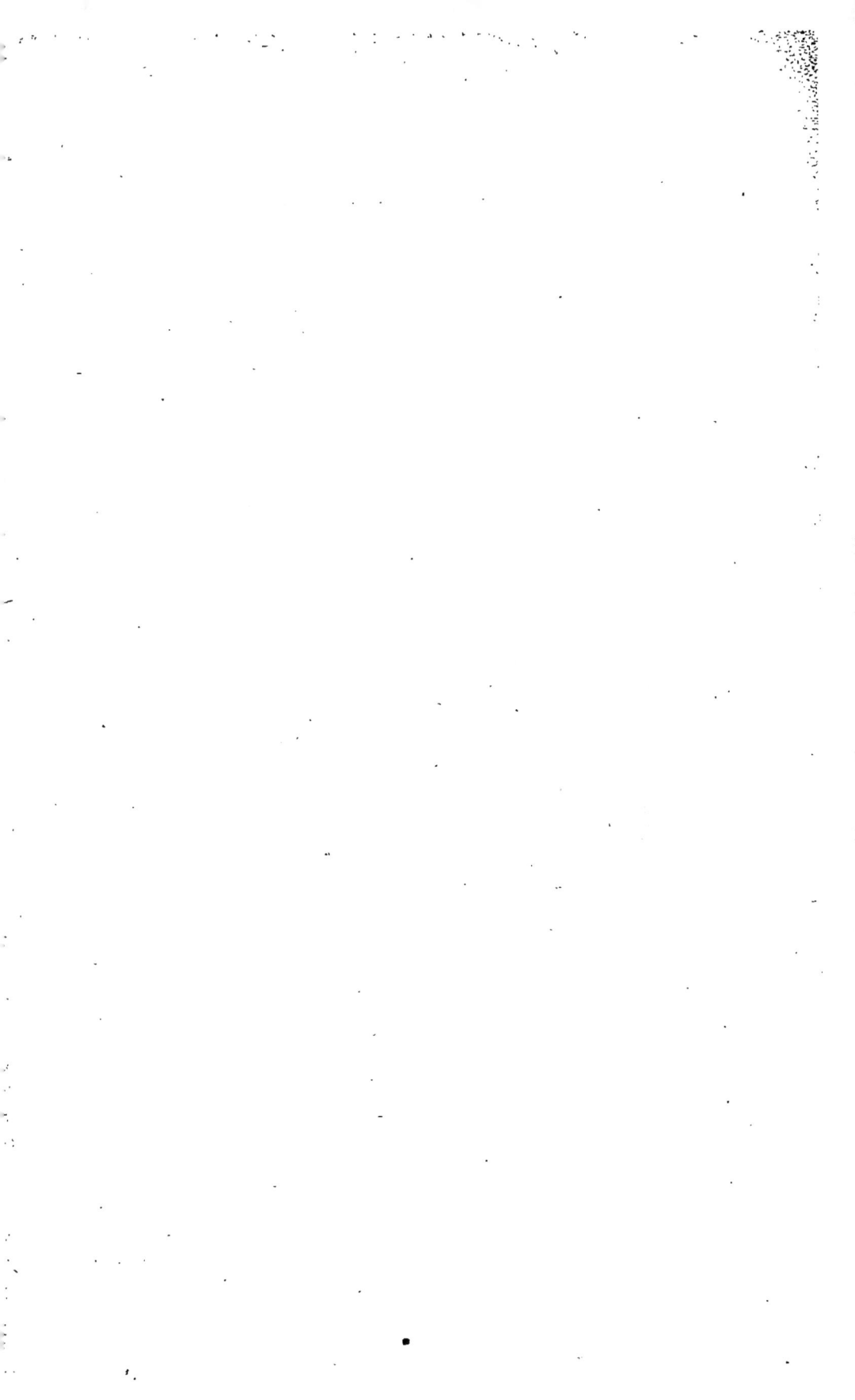

LES

MOUVEMENTS DES PLANTES

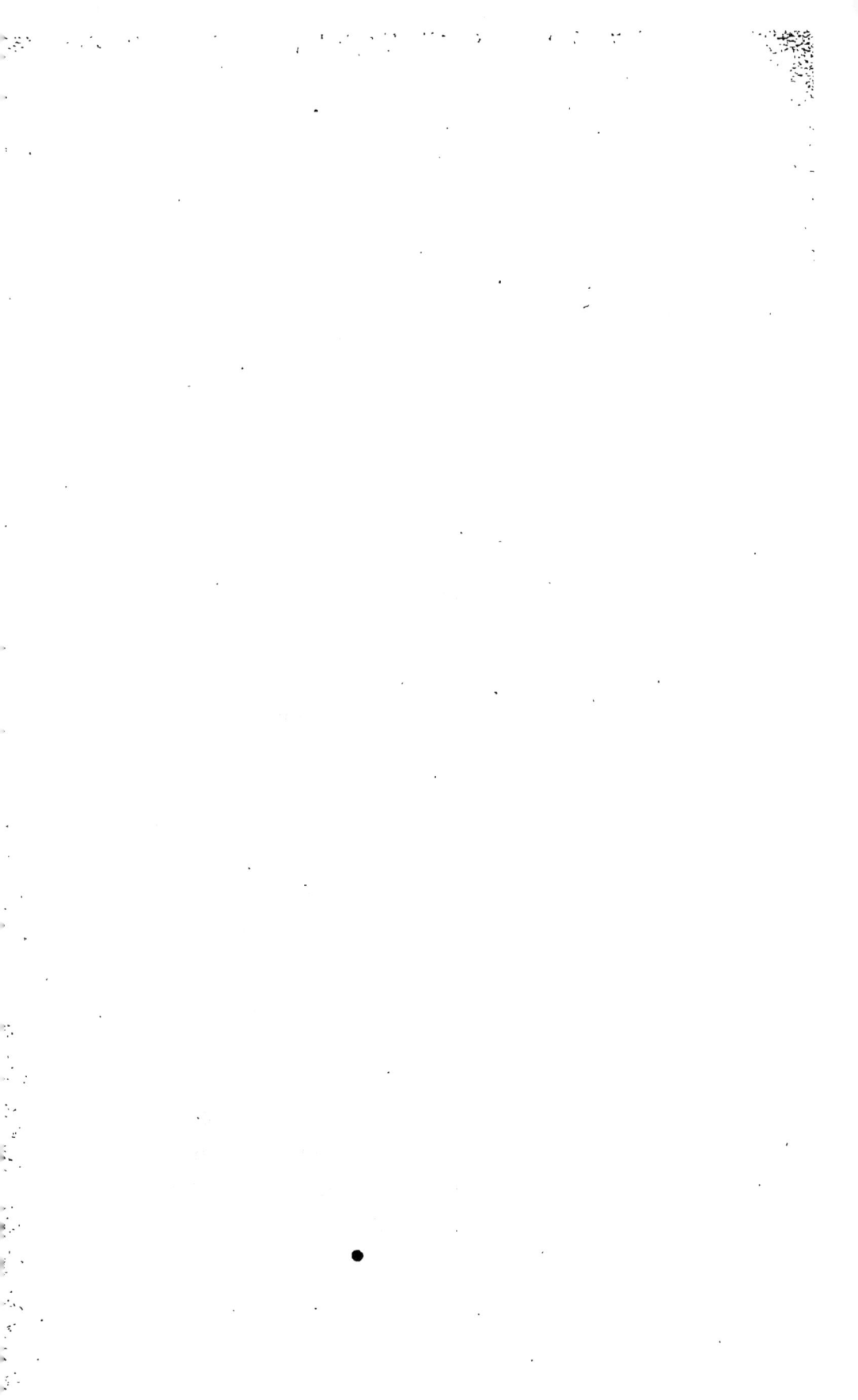

V

LES MOUVEMENTS DES PLANTES

~~~~~~~~~~~

UNE PLANTE CURIEUSE DE NOS BOIS

L'OXALIDE PETITE OSEILLE

Au beau mois d'avril, dans une de ces promenades auxquelles les premiers rayons du soleil semblent vous convier, vous trouverez dans les parties couvertes des bois une charmante petite plante avec laquelle, si vous le voulez bien, nous allons aujourd'hui lier connaissance.

Nous conformant à l'une des règles les plus élémentaires du savoir-vivre, nous allons d'abord la présenter. Ce n'est pas, à beaucoup près, une géante : sa taille dépasse rarement un décimètre. Elle porte trois ou quatre petites fleurs blanches ou légèrement rosées. Chacune d'elles, isolée au sommet d'un pédoncule, est munie d'un calice formé de cinq parties vertes ou sépales de même grandeur ; la corolle, régulière, comprend cinq pétales finement striés, non soudés entre eux. Au centre, dix étamines, dont cinq plus grandes, entourent un ovaire surmonté de cinq filaments ou styles.

Les feuilles, qui ressemblent de loin à celles du trèfle, sont munies d'un long pétiole semblant surgir de terre. Elles sont formées chacune de trois folioles ayant à peu près la forme d'un cœur, et si vous les portez à la bouche et les mâchez vous percevrez une saveur acidule, rafraîchissante, assez semblable à celle de l'oseille, qu'elles peuvent du reste parfaitement remplacer.

Nous avons bien vu les fleurs et les feuilles, mais où est la tige? Arrachons la plante, nous voyons qu'elle est terminée par une petite souche écailleuse, rampante, renflée à la naissance des pétioles et munie de nombreux filaments, qui sont les racines. C'est une tige souterraine qui passe l'hiver à l'abri des gelées et rend la plante vivace.

Tel est, aussi complet que possible, le signalement de notre nouvelle amie; nous y joignons même, réduit au quart, son portrait en pied (*fig.* 13). Quel est maintenant son état civil? Elle appartient à une famille de rien, celle des Oxalidées, très pauvrement représentée en France; les savants l'appellent *Oxalis acetosella* à cause de la saveur acide de ses feuilles; les paysans, qui n'en vont pas chercher si long, l'appellent la *Surelle*, absolument pour la même raison, ou bien encore l'*Alleluia*, parce qu'elle fleurit aux approches de Pâques.

On ne trouve en France que deux de ses parentes,

l'*Oxalide droite* et l'*Oxalide cornue*, dont les fleurs jaunes s'épanouissent de juin en septembre dans les champs cultivés; deux autres, étrangères, l'*Oxalis Deppei*, à fleurs rouges en ombelle, et l'*Oxalis rosea* y sont cultivées depuis quelque temps et employées en bordures.

Pour ne rien devoir à l'étranger, arrachons quelques pieds d'Oxalide petite oseille. Nous les planterons autour de notre parterre ou dans les caisses qui ornent nos fenêtres; elles y formeront une jolie bordure, et dès qu'elles seront habituées à leur nouveau milieu, nous pourrons étudier les mœurs, le caractère de la curieuse plante dont nous ne connaissons encore que l'extérieur.

Nous nous apercevrons bien vite que c'est une petite personne dont les habitudes sont très régulières. Chaque soir, au moment où le soleil baisse à l'horizon, nous la verrons, comme un commerçant qui met les panneaux à sa devanture, fermer sa corolle, rabattre soigneusement ses trois folioles, de façon à ce que, se touchant par leurs faces inférieures, elles tiennent le moins de place possible, et s'endormir jusqu'au matin.

Nous remarquerons aussi, sans lui en faire un crime, qu'elle n'aime pas être battue. Quand elle est bien épanouie, toutes ses folioles ouvertes au soleil, qu'on vienne à les frapper à petits coups légers, elle les replie lentement dans la position de sommeil, semblant protester contre la violence qui lui est faite, pour ne les rouvrir, avec prudence, qu'un quart d'heure après.

Le vent lui est aussi fort désagréable et, comme les coups, la fait se replier sur elle-même.

Une petite plante qui n'aime ni la nuit, ni le vent, ni les coups, ne doit pas aimer d'avantage le tonnerre et la pluie. C'est ce dont vous vous apercevrez bien vite. Vous avez, en effet, introduit chez vous un véritable baromètre, plus sensible et moins désagréable que les cors aux pieds et les anciennes blessures. Doit-il pleuvoir dans la journée, l'Oxalide n'ouvrira ni ses feuilles ni ses fleurs. Si, après une belle matinée, le ciel menace soudain d'un orage, vous ne la prendrez pas au dépourvu ; elle refermera, en se hâtant lentement, suivant le précepte du sage, ses pétales et ses folioles (*fig.* 13).

Sans doute tout cela est curieux, et nous voyons que cette plante a une prévoyance merveilleuse dès qu'il s'agit de sa petite personne ; mais, s'il est bien de penser à soi, il est mieux de penser aux autres. L'Oxalide, ou plutôt la nature, en juge sans doute ainsi, car sa prévoyance s'applique aussi à sa descendance.

Vers la fin de juin, à la place des fleurs fanées, sont des capsules à cinq loges contenant un grand nombre de graines. Mettez ces graines sur une feuille de papier et projetez dessus votre haleine pendant quelques instants, vous les verrez toutes disparaître en sautant comme des puces, quelquefois jusqu'à deux mètres de distance (*fig.* 13).

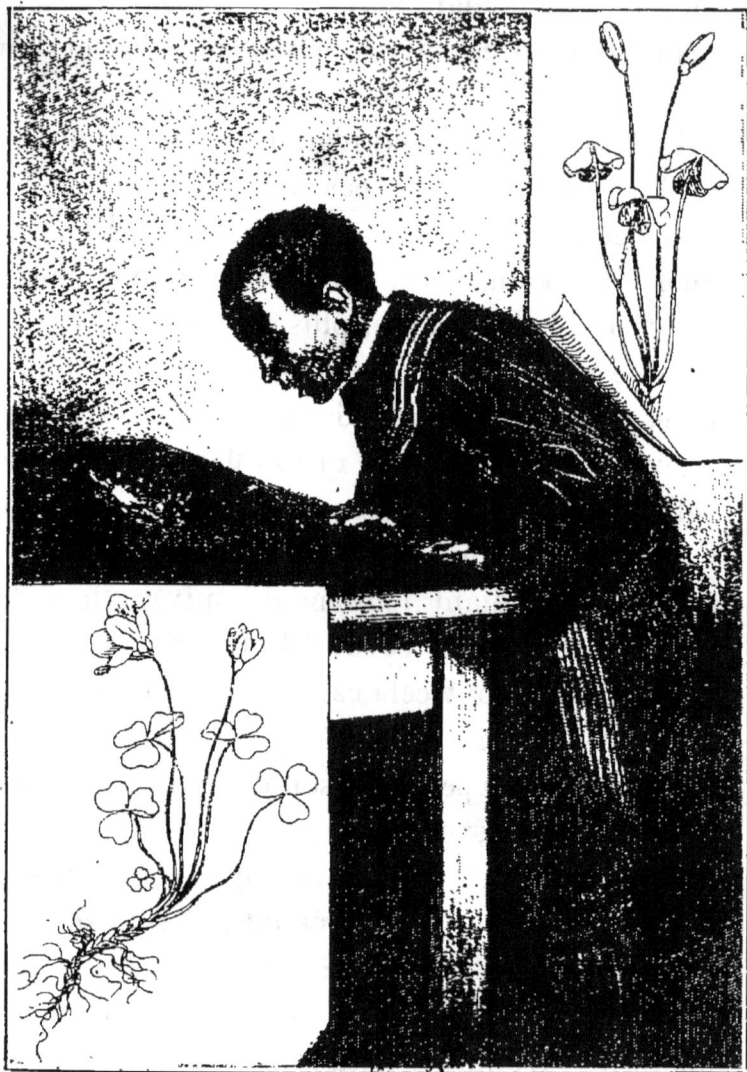

Fig. 13. — L'Oxalide petite oseille réduite au quart. — La même avec ses fleurs et ses feuilles fermées. — Dispersion des graines d'Oxalide par l'humidité.

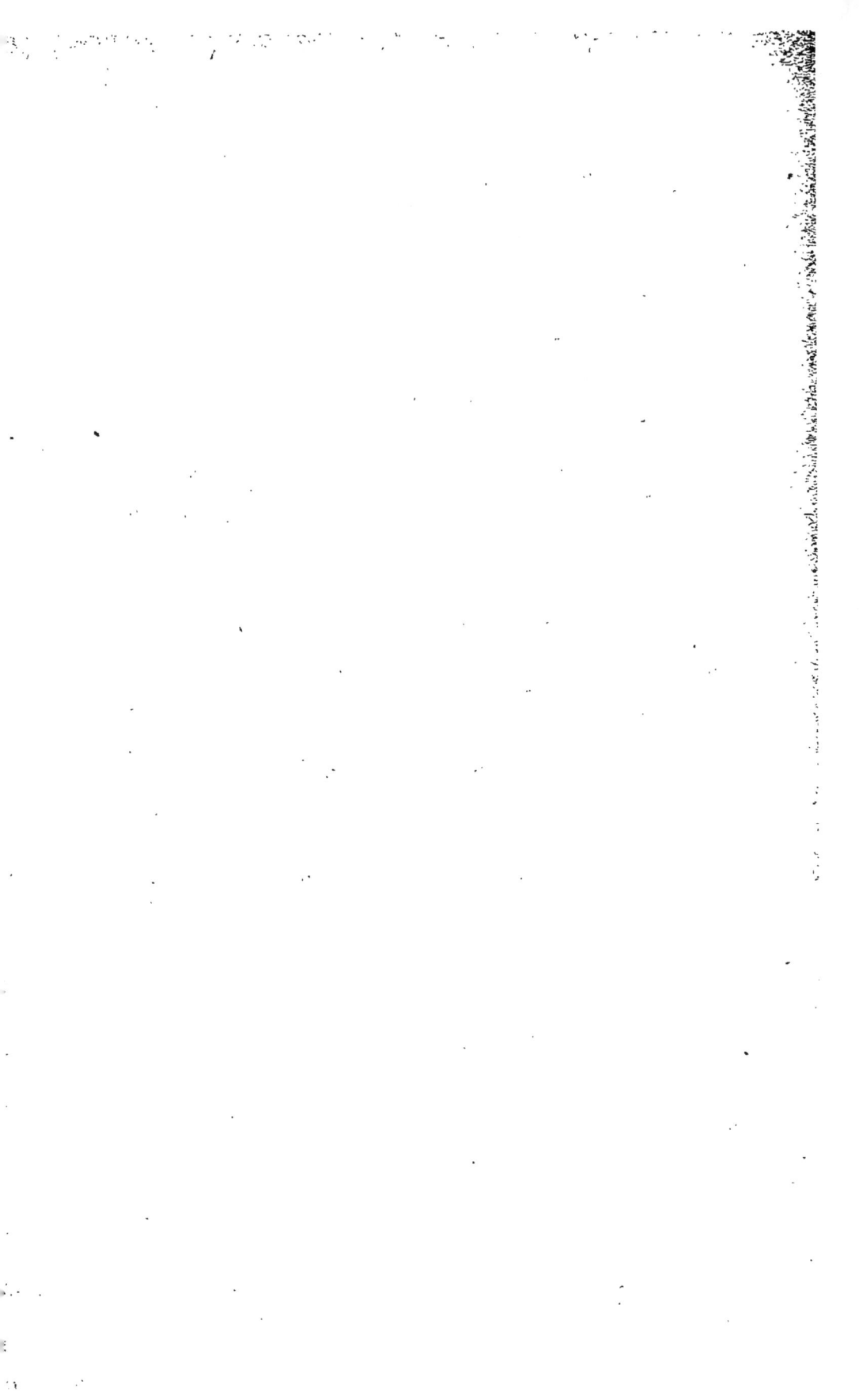

Chacune d'elles est entourée d'une membrane élastique ou *arillode,* qui se gonfle par l'humidité. Cette membrane, bientôt distendue, éclate, se retourne brusquement et lance la graine comme un ressort.

On conçoit combien cela est avantageux pour la conservation de l'espèce. Les graines tombent toutes au pied de la plante qui les a formées; elles y restent tant que la terre est sèche, ce qui ne présente aucun inconvénient puisqu'elles ne peuvent germer, mais la pluie vient-elle à tomber, elles sont toutes dispersées par leur membrane, juste au moment le plus favorable à leur germination.

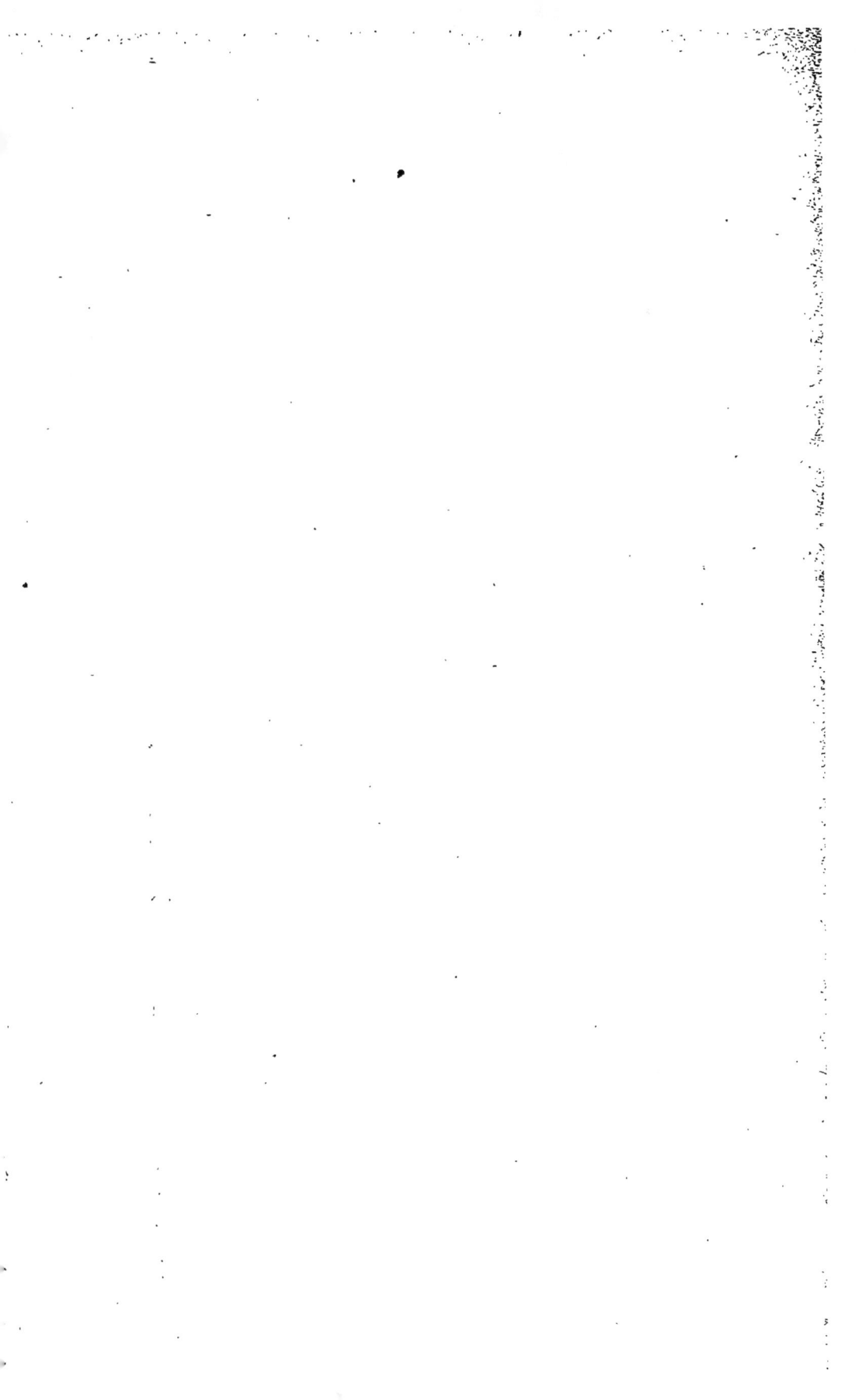

PROCÉDÉ DÉLICAT POUR OUVRIR UNE FLEUR

Les personnes qui aiment véritablement les fleurs
ne se laissent pas influencer par la mode qui veut
que telle fleur soit, cette année, très distinguée, tandis que cette autre est vulgaire; l'amour qu'elles leur
portent est toujours égal et elles les aiment toutes :
fleurs rares des serres chaudes, fleurs des champs et
fleurs des bois, fleurs des montagnes et fleurs des
eaux.

Elles ne dédaignent pas, au cours de ces longues
promenades dans la campagne, si attrayantes et si
salutaires, de disposer en bouquets les jolies corolles
de la Sylvie, les gentilles étoiles de la Ficaire et
même les capitules jaunes du Salsifis des prés; on
prend ce qu'on trouve, et il est d'un sage d'aimer
au printemps les fleurs qui s'ouvrent en avril.

Au retour, ces fleurs, placées dans des vases co-
quets, sont aussi soignées, voient renouveler aussi
souvent l'eau qui rafraîchit leurs tiges que si elles
avaient été payées au poids de l'or chez la fleuriste
en renom.

Si vous êtes de ces admirateurs des fleurs, vous
comprenez ces plaisirs, vous vous intéressez, vous
aussi, à la charmante fleurette dont la culture n'a ni

modifié la grâce, ni fait doubler les pétales; vous avez étudié ses mœurs, ses habitudes, observé tous ses mouvements.

Les mouvements, sensibles dans les fleurs coupées, encore plus énergiques et plus réguliers dans les fleurs fixées au sol, ne vous ont certainement pas échappé.

Vous avez vu chaque soir, au moment où le soleil va disparaître, des feuilles se rapprocher de la tige qui les supporte, s'appliquer les unes contre les autres comme pour chercher une protection mutuelle contre le froid de la nuit, ou venir, autour des fleurs, former une sorte de berceau. Vous avez vu des fleurs se tordre sur leur pédoncule pour suivre le mouvement apparent du soleil; d'autres, comme la Sylvie, la Ficaire, le Salsifis, dont nous parlions tout à l'heure, ouvrir leur corolle chaque jour à une heure déterminée, puis la refermer au bout d'un temps variable avec l'espèce, pour ne l'ouvrir que le lendemain. Le nombre en est si grand que le naturaliste suédois Linné a pu dresser une liste de plantes, connue sous le nom d'*Horloge de Flore*, dont les fleurs s'ouvrent aux différentes heures du jour et de la nuit.

Une étude approfondie du phénomène dans différentes contrées vous ferait voir que, pour une fleur donnée, l'heure de l'ouverture est avancée sous les climats tempérés, retardée dans les pays froids, et que l'Horloge de Linné, établie en Suède, retarde d'environ une heure pour le climat de Paris.

La lumière et la chaleur jouent donc un rôle considérable dans ces mouvements.

Vous pourrez voir d'une façon bien simple quelle est l'action de la chaleur seule.

Rapportez d'une excursion un pied d'*Ornithogale en ombelle*, jolie plante de la famille des Liliacées, qui dresse en mai et juin, dans les prés, dans les vignes, sa tige terminée par un élégant parasol de fleurs blanches, et plantez son oignon dans un vase plein de terre. Après lui avoir laissé le temps de se reposer d'un si rude voyage, vous verrez qu'elle ouvre ses fleurs chaque jour vers onze heures — d'où son nom vulgaire de *Dame d'onze heures* — pour les fermer vers deux ou trois heures de l'après-midi.

Si vous voulez les faire s'ouvrir en dehors de l'heure réglementaire, n'employez pas la violence, elle ne serait d'aucun secours; vous ne réussiriez qu'à déchirer les pétales. Faites chauffer modérément un fer à repasser et placez-le au-dessous de l'inflorescence. L'air chaud s'élève, et en quelques instants la fleur est ouverte (*fig.* 14).

La Sylvie, la Ficaire, la Tulipe, les Crocus, se laissent aussi séduire par ce procédé délicat et ouvrent leurs fleurs sans difficulté.

Mais il est d'autres plantes d'humeur moins accommodante qui, lorsqu'elles ont fermé leur corolle, ne veulent plus l'ouvrir que le lendemain, et chauffez-les, ne les chauffez pas, vous ne les en ferez pas démordre.

Essayez de les tromper. Allumez au milieu de la nuit plusieurs lampes puissantes, elles resteront obstinément fermées, insensibles à la lumière qui les inonde. Le jour venu, mettez-les dans l'obscurité; quand l'heure d'ouvrir est arrivée, elles ouvrent quand même; cette nuit factice ne les trompe pas.

Si, pendant quelque temps, vous continuez à les éclairer pendant la nuit et à les tenir dans l'obscurité pendant le jour, elles finiront par se laisser convaincre; elles ouvriront leur corolle au soleil de minuit, mais sans enthousiasme.

Cette tribu de rebelles comprend quelques Oxalis et un certain nombre de Composées, parmi lesquelles le Pissenlit. Auriez-vous jamais cru que cette modeste salade eût la tête si dure!

Fig. 14. — Ouverture des fleurs de l'Ornithogale en ombelle.

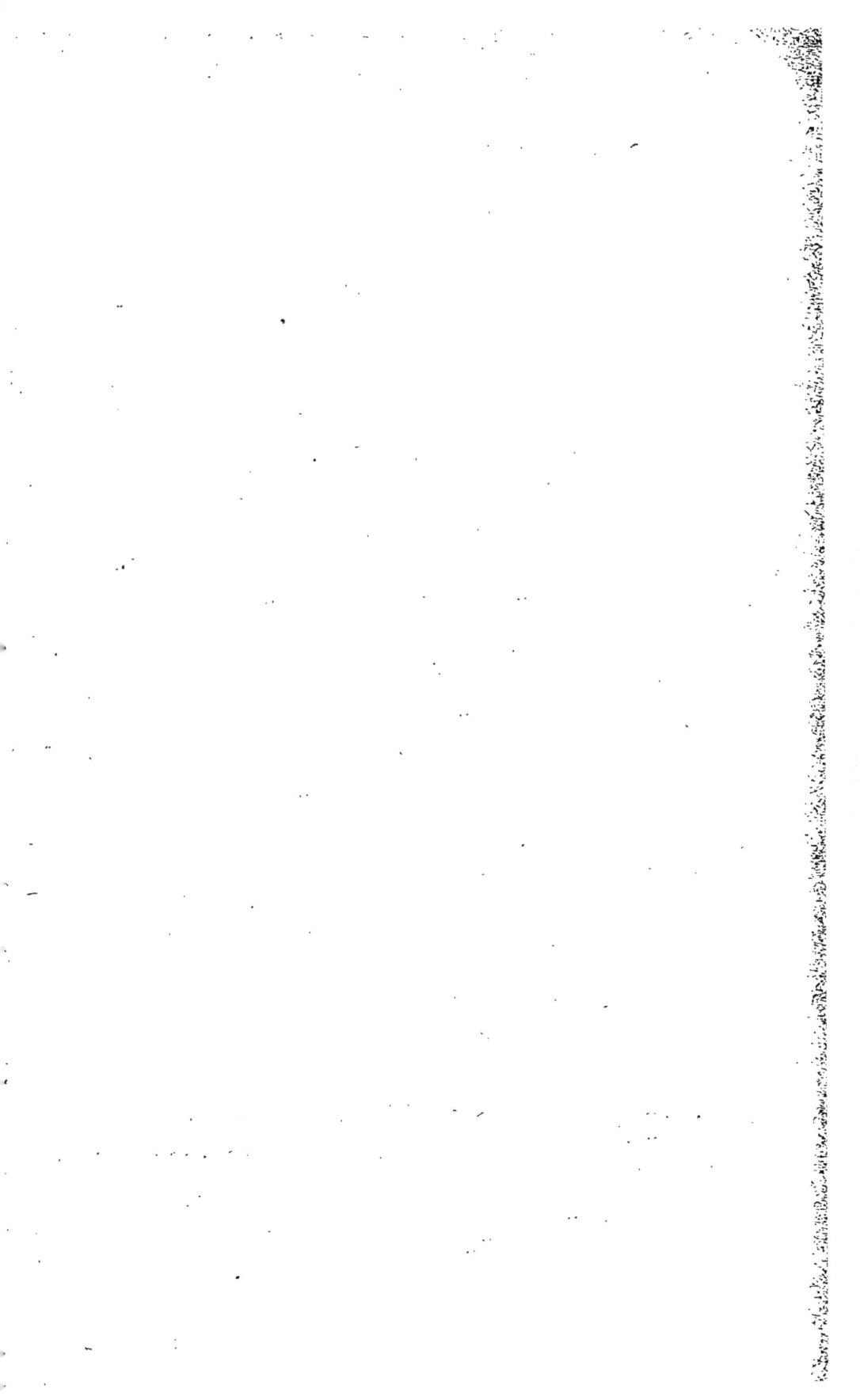

LA BOUSSOLE DE FLORE

Linné, en observant l'époque de floraison des plantes, a pu dresser un *Calendrier de Flore ;* en notant soigneusement les heures d'ouverture et de fermeture de certaines fleurs, il a établi une *Horloge de Flore.* D'un autre côté, Bierkander a nommé *Hygromètre de Flore* une liste de plantes dont les fleurs se ferment, ou s'ouvrent, ou prennent une position particulière quand il va pleuvoir.

On peut de même réunir, sous le nom de *Boussole de Flore*, un petit nombre de caractères que nous offrent les végétaux et qui, à la rigueur, pourraient permettre à un voyageur égaré de retrouver son chemin.

Dans les bois, la mousse qui recouvre les arbres fournit une précieuse indication ; elle est beaucoup plus abondante sur la partie du tronc qui regarde le nord-ouest que dans les autres directions.

Le *Sapin* et l'*Epicea* par les jours d'été, en plein soleil, fléchissent vers le nord l'extrémité de leur tige, et, dans les plaines arides, la *Chicorée sauvage*, aux rameaux dénudés, aux maigres capitules bleus, se comporte de la même façon.

Mais la plante-boussole par excellence c'est la

Laitue sauvage (*Lactuca scariola*), si commune par toute la France. Dans les endroits incultes, au plus fort de l'été, elle épanouit ses fleurs jaunes le long de ses tiges minces qui atteignent parfois la hauteur d'un homme.

Regardez avec soin ses feuilles, elles sont verticales ; l'une de leurs faces est tournée vers l'est, l'autre vers l'ouest ; la pointe des unes indique le nord, celle des autres le sud, comme vous pourriez le vérifier rigoureusement à l'aide de l'aiguille aimantée (*fig.* 15).

C'est à l'action de la lumière qu'il faut attribuer cette disposition remarquable. Les feuilles de la plupart des plantes se placent toujours perpendiculairement à la plus forte lumière diffuse qu'elles reçoivent et celles de la Laitue sauvage sont des plus sensibles à la radiation.

Mais, quand la lumière devient trop intense, quand, sous les rayons ardents du soleil de midi, toute vie semble cesser, quand les insectes se taisent et que pas un souffle n'agite la campagne, les feuilles deviennent insensibles au déplacement du centre de lumière et demeurent immobiles. Il en résulte que c'est le soleil levant et le soleil couchant qui déterminent leur orientation.

Quelques autres plantes de la famille des Composées, notamment les *Silphes*, abondants dans l'Amérique septentrionale, possèdent aussi cette curieuse propriété ; elles ont été décrites, à tort, comme des plantes magnétiques.

Fig. 15. — Direction du Nord indiquée par la Laitue sauvage.

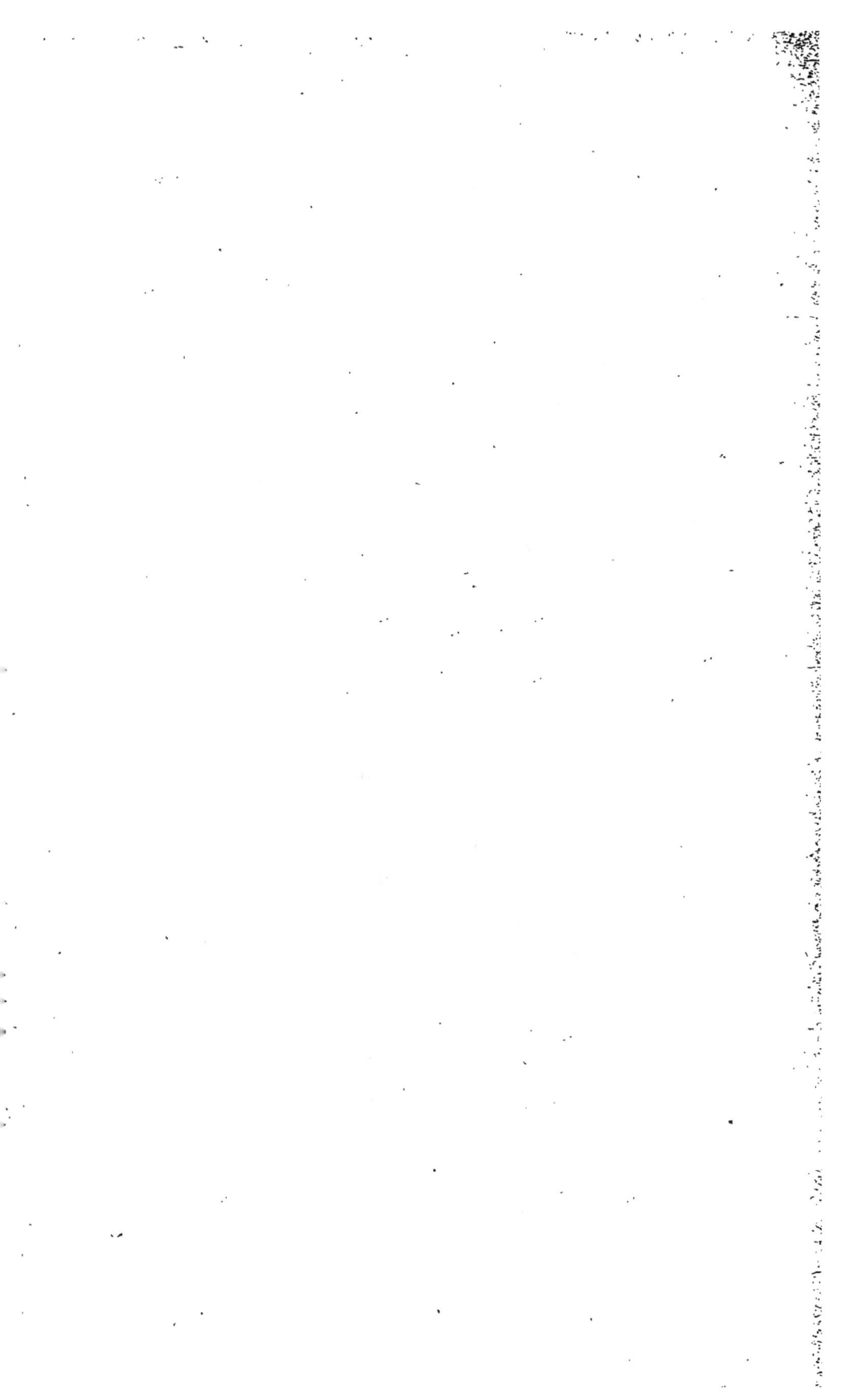

Ces phénomènes n'ont rien à voir avec le magné-
tisme, ils sont de même ordre que ceux dont nous
avons parlé au chapitre intitulé : *Les Voyages d'une
tige à la recherche de la lumière ;* ils sont du do-
maine de l'*héliotropisme*.

Les plantes ne servent donc pas seulement à nous
nourrir, à nous guérir, et à nous procurer toutes
les joies de la vue et de l'odorat ; un observateur
attentif de tous leurs mouvements devrait, d'après
les faits que nous venons de citer, pouvoir parvenir
à se passer de calendrier, de montre, d'hygromètre
et de boussole.

Malheureusement, cette pauvre Flore est sous la
dépendance d'une foule de circonstances extérieures ;
dans les années froides, son calendrier est en avance
sur les fleurs ; par les temps humides, son hygro-
métie n'indique pas plus sûrement la pluie que le
capucin de carton qui met son capuchon ; quand le
ciel est couvert, son horloge, complètement détra-
quée, marque midi à quatorze heures et sa boussole ne peut faire retrouver le nord au botaniste
égaré dans les immenses prairies de Saint-Cloud ou
dans les forêts vierges de Chaville ou de Fontaine-
bleau.

Tout cela, d'ailleurs, n'enlève aucune valeur aux
intéressantes observations dont nous venons de parler. Il était bon néanmoins de faire remarquer qu'il
ne faut pas vouloir leur faire donner plus qu'elles
ne peuvent, c'est-à-dire des indications souvent

utiles à la campagne, mais qui ne sauraient être d'une absolue précision, tant sont complexes et mal connues les causes qui produisent le mouvement dans la plante.

———✦✦✦———

Fig. 16. — La Rose de Jéricho.

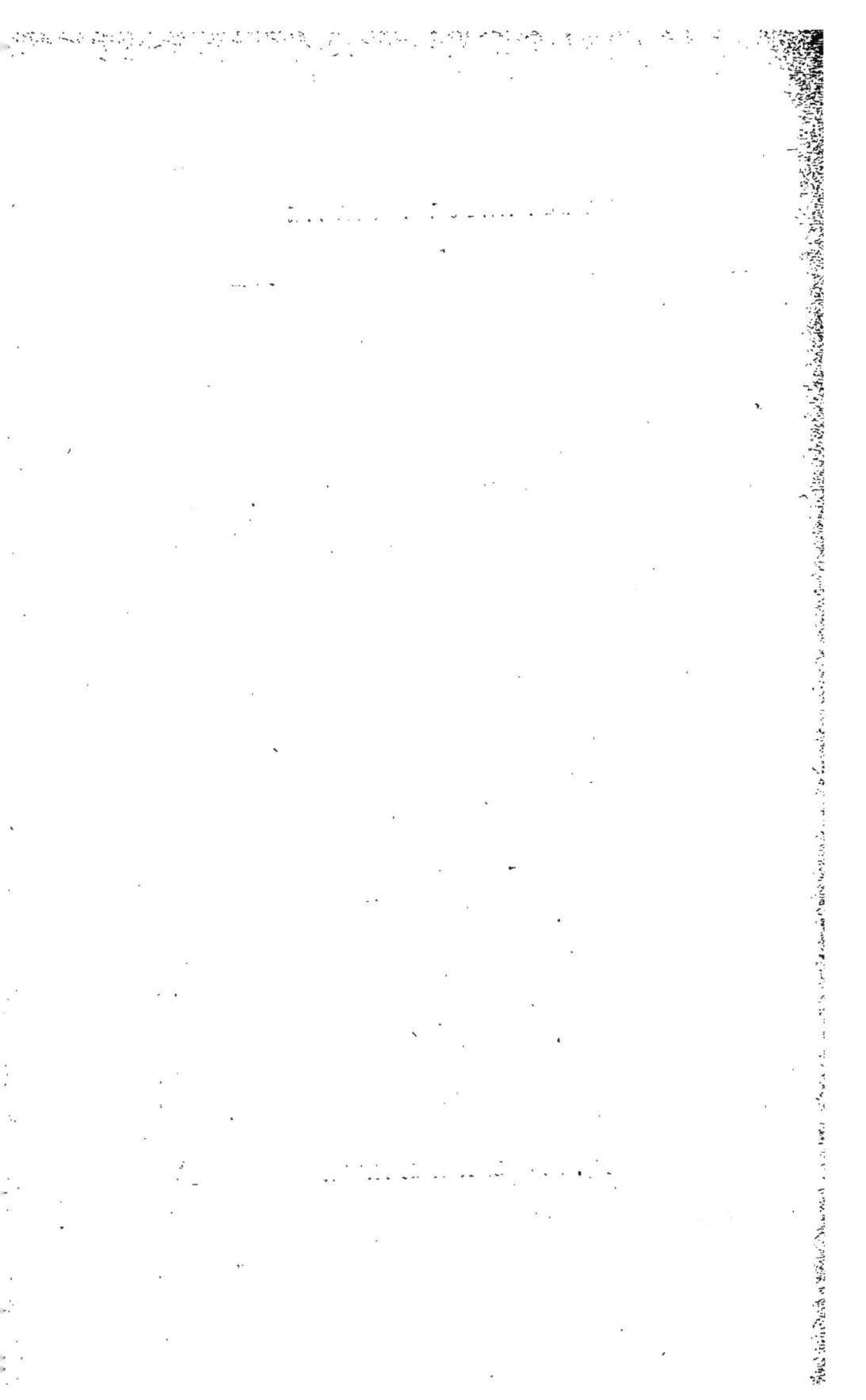

LA PLANTE DE LA RÉSURRECTION

Tout le monde connaît la *Rose de Jéricho*, qui, d'abord, n'est pas une rose. C'est une plante de la famille des Crucifères, ses petites fleurs blanches sont assez semblables à celles de la *Bourse-à-pasteur*, si commune sur le bord de nos chemins. Sa hauteur est d'environ un décimètre, elle croît dans certaines régions sablonneuses de l'Arabie, de l'Égypte et de la Syrie.

Ses propriétés hygroscopiques sont des plus remarquables. Sous l'action de la sécheresse, ses rameaux se crispent, se rapprochent les uns des autres, s'entrelacent et forment un peloton arrondi dont la ressemblance avec une rose est fort difficile à entrevoir. Quand le temps se met à la pluie — ou plus rapidement encore si l'on plonge dans l'eau l'extrémité de la racine — les rameaux se gonflent, s'allongent et s'étendent comme les bras d'un poulpe (*fig.* 16) pour se contracter de nouveau par la sécheresse.

On conçoit aisément que ces changements de forme, curieux assurément, aient pu passer pour merveilleux auprès des gens superstitieux; de là la grande célébrité de cette plante et les légendes auxquelles elle a donné lieu. Autrefois, les pèlerins qui revenaient de Jérusalem ne manquaient jamais d'en rapporter quelques exemplaires; aujourd'hui encore, on peut se la procurer chez certains horticulteurs et grainiers, et avoir ainsi, chez soi, une sorte de baromètre ou plutôt d'hygromètre, qui indiquera avec autant — ou aussi peu — de certitude que beaucoup d'autres du même genre, si le temps est au beau ou à la pluie.

Ces mouvements jouent un rôle très utile à la plante, car ils assurent la conservation de son espèce.

Si les graines mûres s'échappant des capsules tombaient sur la terre sèche, elles seraient perdues, brûlées par le soleil, très ardent en ces régions; mais les tiges se recourbent, se rapprochent, les capsules se maintiennent fermées tant que dure la sécheresse. Dès qu'arrivent les pluies, les tiges se dilatent, les capsules s'ouvrent, disséminent les graines, qui tombent sur le sol humide et y germent très rapidement.

En moins d'un jour, la radicule a percé les téguments de la graine et le développement de la plante est assuré.

La Rose de Jéricho n'est pas seule sujette à ces singuliers phénomènes.

On vend depuis quelques mois, chez les marchands spéciaux, sous le nom de *Plante de la Résurrection*, un végétal dont les mouvements ne sont pas moins curieux.

C'est une Fougère mousseuse, originaire de l'Amé-

Fig. 17. — Fougère mousseuse de l'Amérique du Nord
épanouie sous l'action de l'humidité. — La même
contractée par la sécheresse.

rique du Nord, le *Polypodium incanum*. Lorsque la
quantité d'eau qu'on lui fournit est suffisante, elle

forme une élégante rosette d'un vert tendre et velouté.

Sous l'action de la sécheresse, elle se roule en un peloton informe, plus ou moins arrondi, jaunâtre, n'ayant en rien l'aspect d'une plante ; mais si l'on fait plonger ses racines dans un verre contenant de l'eau, elle s'épanouit de nouveau au bout de quelques heures (*fig.* 17). On peut la faire passer ainsi un grand nombre de fois par ces phases de mort apparente et de résurrection.

Ces Fougères vivent très bien en France sur les rochers artificiels qu'on emploie pour orner les jardins, et il suffit de les arroser largement pour qu'elles s'y maintiennent toujours en bon état ; mais, si l'on cesse les arrosages pendant quelques jours et que le temps soit très sec, les rochers dénudés ne portent plus que quelques maigres boules jaunâtres, d'un aspect indéfinissable.

C'est alors le moment de mystifier légèrement quelques invités.

Pendant le tour de jardin réglementaire avant le déjeuner, on leur fait remarquer le spectacle désolant que présentent les Fougères, achetées, dit-on, à grand prix. Puis, pendant que tout le monde est à table, on les fait arroser à fond.

Inutile, n'est-ce pas, de dépeindre la surprise quand, dans l'après-midi, les mêmes personnes voient le rocher, qui semblait avoir été touché par le feu du ciel, recouvert d'un tapis formé de rosettes de verdure d'une splendeur sans pareille !

LES HYGROMÈTRES VÉGÉTAUX

Prévoir le beau temps ou la pluie est, au moment des récoltes, d'une importance extrême pour le cultivateur; aussi note-t-il avec soin tous les indices plus ou moins infaillibles qui peuvent le guider dans cette prévision. Il observe l'aspect du ciel au moment où le soleil se couche, il s'assure de la direction du vent, il est toujours au courant de l'âge de la lune et il suit attentivement les allures des animaux : quand le chat se lèche souvent, quand les hirondelles volent en rasant la terre, ce sont, pour lui, autant de signes de la pluie prochaine.

Il devrait aussi étudier les mouvements des végétaux, car la sécheresse et l'humidité exercent sur eux une grande action.

Quand l'air est très humide, lorsqu'il doit pleuvoir dans la journée, le *Souci pluvial*, les *Carlines* (1, *fig.* 18), les *Stellaires*, l'*Oxalide petite oseille,* n'ouvrent pas leurs fleurs; si, après une belle matinée, le ciel devient menaçant, elles les referment en toute hâte. Le *Nénufar blanc* se comporte de la même manière et de plus rentre ses fleurs sous l'eau.

Une petite mousse bien commune dans nos bois,

la *Funaire hygrométrique* (2, *fig.* 18) recourbe, quand le temps est sec, ses sporogones remarquables par leur coiffe en forme de petite cuiller, et les redresse à l'humidité.

Les cônes du Pin (3, *fig.* 18) rapprochent leurs écailles ou les écartent suivant que l'air est plus ou moins sec.

L'action de l'humidité sur toutes les parties du végétal, même desséché depuis longtemps, peut être montrée par des expériences fort simples.

Tout le monde sait qu'un fragment de branche, un brin de paille pliés se déplient quand on mouille le sommet de l'angle. — Une tige de Graminée enroulée en hélice, à tours très serrés, sur un crayon mince, se déroule et reprend, avec des contorsions bizarres, sa forme rectiligne si on la mouille légèrement. Quelques gouttes d'eau suffisent pour délier et dérouler un fétu entortillé d'une façon très compliquée, auquel il serait impossible, sans ce moyen, de faire reprendre son apparence primitive.

Les choses se passent de la même manière dans la nature et la sécheresse est l'unique cause de la déhiscence des fruits, notamment des fruits à valves, comme les *follicules* de l'Aconit, de l'Hellébore; les *gousses* du Genêt ou du Pois de senteur, les *siliques* des Giroflées ou des Lunaires, les *capsules à couvercle* de la Jusquiame et du Mouron rouge.

Que l'on prenne un des fruits que nous venons de citer, qu'on le place dans l'air humide, il se refer-

Fig. 18. — Les Végétaux hygroscopiques :
1. La Carline. — 2. La Funaire hygrométrique.
3. Cône de Pin.
4. Graine d'Erodium. — 5. Graine de Stipe empenné.

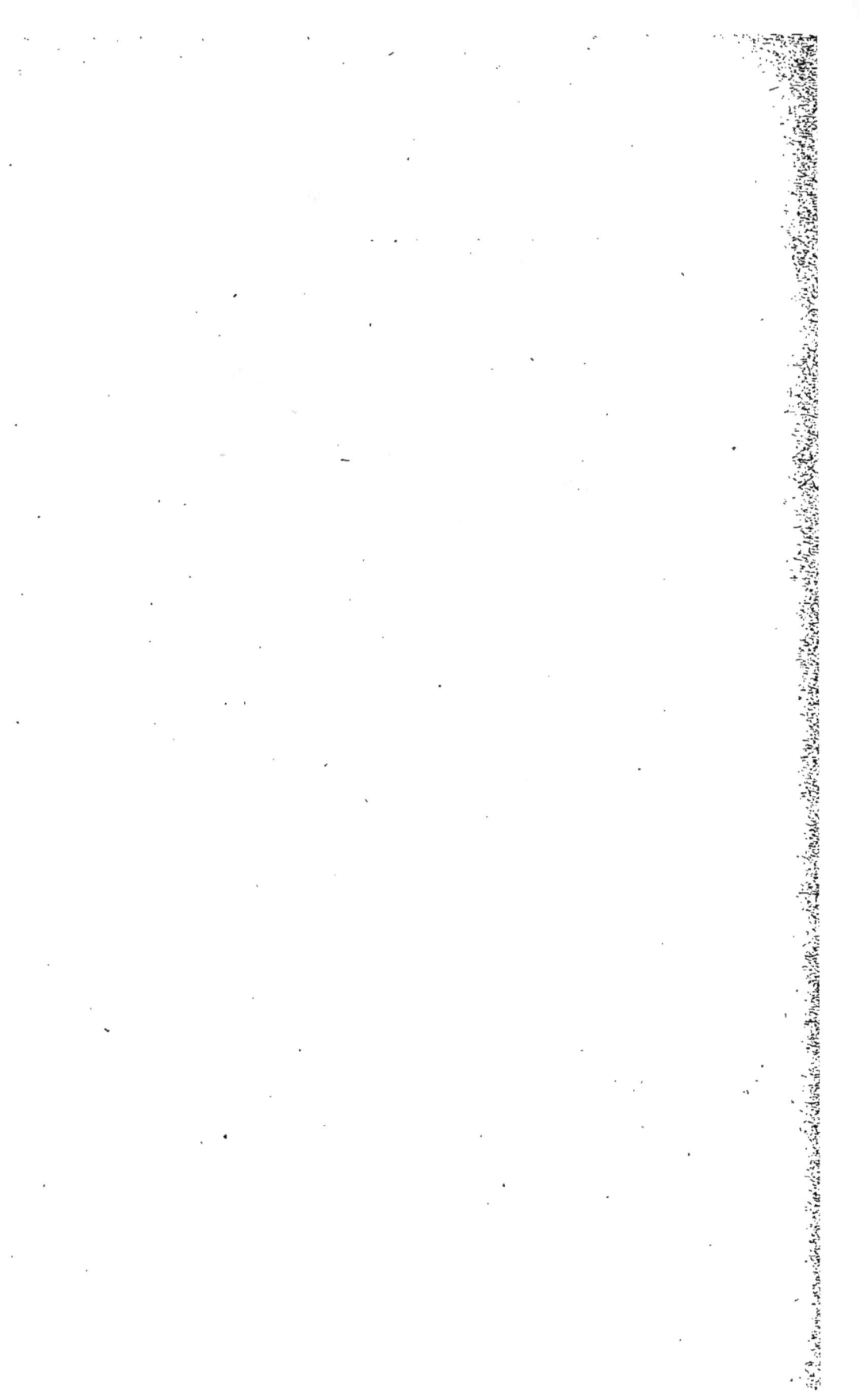

mera ; dans l'air sec, il s'ouvrira et cela autant de
fois qu'on le voudra.

L'action de l'humidité est encore plus curieuse à
étudier sur certaines graines comme celle des *Erodium* (4, *fig.* 18), des *Geranium*, des *Pelargonium*,
des *Andropogon*, de la *Folle Avoine* et du *Stipe empenné* (5, *fig.* 18) ; elle tend à enfoncer ces graines
dans le sol, c'est-à-dire à les placer dans les conditions les plus favorables à leur germination.

Examinons la graine d'un Erodium, elle est couverte de poils et terminée par une longue tige dont
la base forme, quand le temps est sec, de nombreux tours de spire ; elle se déroule au contraire
par l'humidité. Tant que dure la sécheresse, la
graine reste inerte sur le sol, mais si l'atmosphère
devient humide, la spirale se déroule, et l'appendice
— souvent garni de longs poils qui le font ressembler
à la moitié d'une plume d'oiseau — prenant un
point d'appui sur un brin d'herbe ou sur un petit
caillou, la graine s'enfonce dans le sol. Si la sécheresse revient, les poils de la graine, qui s'étaient
aisément soumis à un mouvement de descente, se
redressent et s'opposent à toute velléité d'ascension,
ou bien encore le prolongement se détache ; circonstances très heureuses pour la graine, car un nouvel
enroulement en spirale l'amènerait de nouveau à la
surface du sol et contrarierait sa germination.

On conçoit combien il est aisé, à l'aide de ces
graines, de construire de petits hygromètres très

sensibles et qui, convenablement gradués, offrent une véritable précision.

On peut fixer, par exemple, verticalement une graine d'Erodium. La base de l'appendice s'enroulant ou se déroulant, son extrémité joue le rôle d'une aiguille qu'on fait mouvoir devant un cadran divisé en 100 parties.

Comment se servir de cet instrument? D'une façon bien simple. On a — en chauffant ou de toute autre manière — obtenu le maximum de sécheresse possible; on remarque alors que la base de l'aigrette fait six tours de spire, par exemple, et l'on place le zéro du cadran en face de l'extrémité de la pointe. Quand l'air devient humide, l'aigrette se déroule et la pointe décrit le cadran.

Pour faire une lecture, à un moment donné, il suffit de compter le nombre des tours de spire de la base; s'il n'y en a plus que 3 et si la pointe de l'aiguille est sur la division 25 du cadran, on dira que le degré d'humidité est 3,25; l'extrême sécheresse étant 6 et la saturation 0 ou à peu près.

Si l'on a, pendant quelques jours, comparé cet instrument primitif avec un hygromètre de précision, et si l'on a dressé une table de correspondance des résultats, les indications de l'*hygromètre à graine d'Erodium* pourront donner, en valeur absolue, la quantité de vapeur d'eau contenue dans l'air, si l'on tient compte en même temps de la température.

LES
ÉPOQUES DE FLORAISON

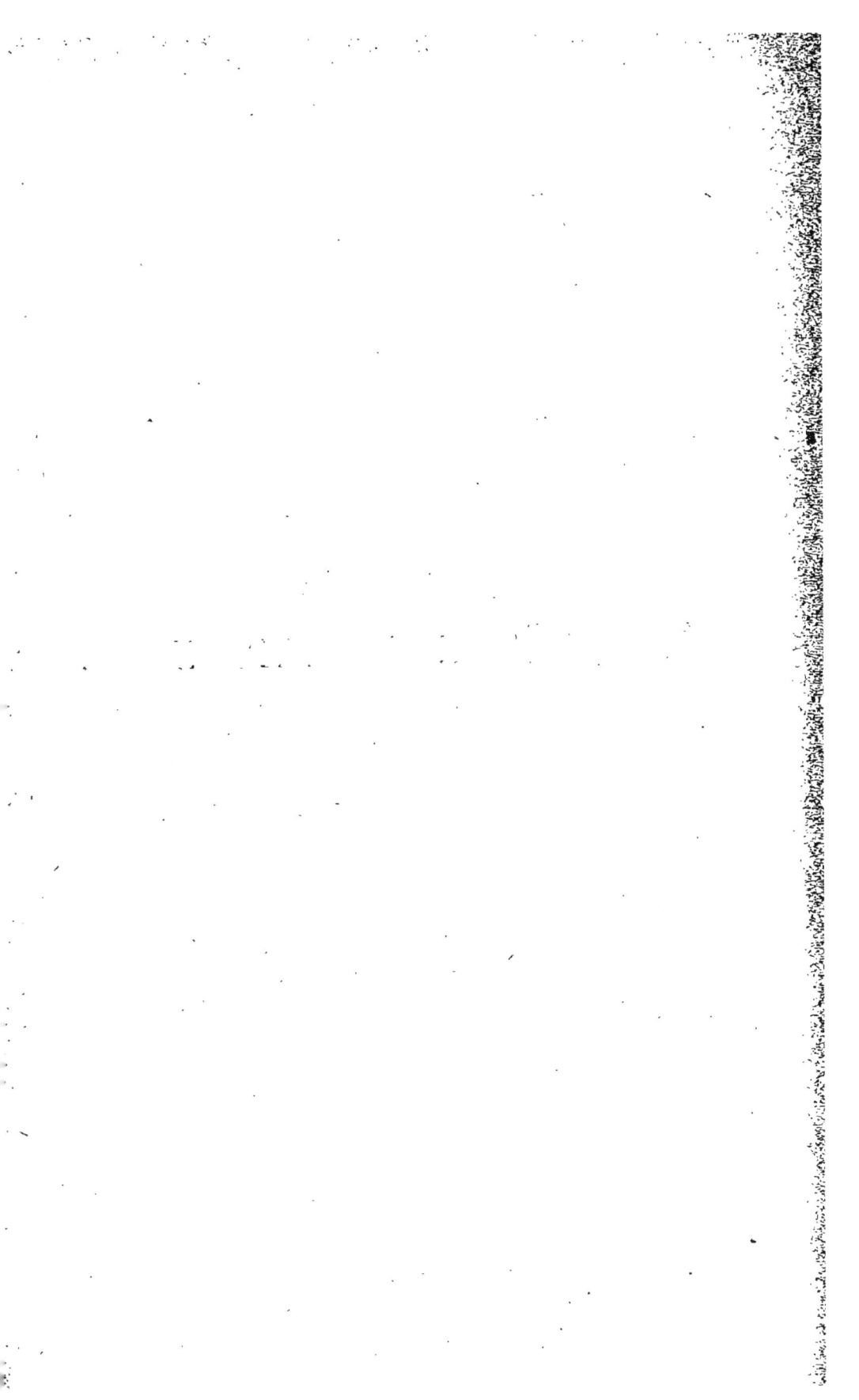

VI

LES ÉPOQUES DE FLORAISON

~~~~~~~~~~

BOUQUET PRINTANIER
DE FLEURS DES CHAMPS ET DES BOIS

Le printemps est le moment favorable pour commencer l'étude de la botanique ; les fleurs sont peu nombreuses, faciles à apercevoir dans les prés au milieu des herbes naissantes, non moins visibles dans les bois sous la vive lumière que laissent encore passer les jeunes feuilles des arbres.

Il faut se hâter, car dès la fin de mai c'est un envahissement de corolles, toutes également charmantes pour le promeneur, mais dont les multiples formes déroutent le jeune botaniste. Comme un ouvrier auquel on commande à la fois vingt travaux, tous pressés, il ne sait auquel courir et abandonne souvent une étude qui, commencée deux mois plus tôt, aurait été pour lui d'un grand charme et lui aurait fourni des distractions qu'un esprit éminent comme Jean-Jacques Rousseau trouvait supérieures à toutes les autres.

Profitant d'une belle journée, nous allons courir les champs et les bois, non pas avec l'intention de faire sérieusement de la botanique, mais simplement pour nous griser de grand air et de printemps, et, afin de donner un but à notre longue promenade, nous cueillerons un joli bouquet. Si nous rencontrons en chemin quelque plante intéressante, cela ne nous empêchera pas d'en dire deux mots.

Et d'abord voici, dans cette prairie, de mignonnes fleurs jaunes en tube, groupées au sommet d'une longue tige, entourée à sa base d'une rosette de feuilles; c'est la *Primevère officinale*, vulgairement appelée *Coucou*. Un peu plus loin, une charmante Crucifère à l'élégant feuillage découpé, la *Cardamine des prés* dresse ses corolles d'un violet pâle, tandis que de nombreuses *Renoncules tête d'or*, qui partagent le joli nom de *Boutons d'or*, avec toutes les plantes du même genre, semblent comme des étoiles dans l'herbe.

Quittons maintenant la prairie et dirigeons-nous vers ce mur en ruine situé à l'entrée du bois. Son sommet, éclairé par le soleil, est couronné de grandes plantes en fleur que, sans être encore grands clercs en botanique, nous reconnaissons pour des Giroflées. Leur parfum nous avait déjà dit leur nom.

C'est en effet la *Giroflée des murailles*, la mère de toutes les variétés simples et doubles produites aujourd'hui par la culture.

Dans sa partie située à l'ombre, le mur lui-même

Fig. 19. — Bouquet printanier de fleurs de Cerisier,
de Cardamine, de Cymbalaire etc

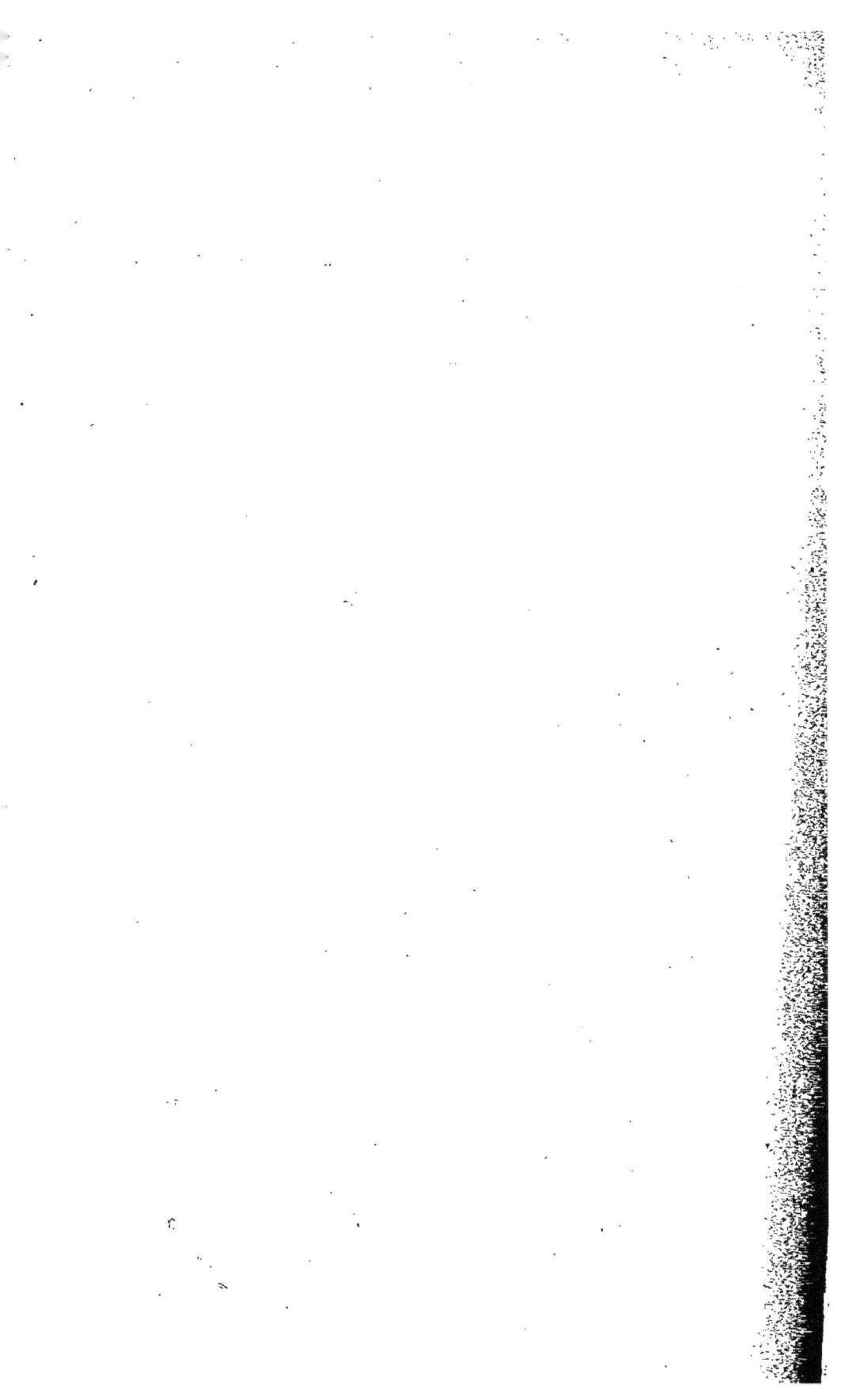

est recouvert par la *Linaire cymbalaire,* dont le feuillage léger, retombant, est piqué çà et là de petites corolles lilas extrêmement irrégulières.

Nous y trouverons sûrement aussi la *Chélidoine* au feuillage découpé, aux fleurs jaunes à quatre pétales. Nous la reconnaîtrons au suc jaune qui s'écoule de toutes ses parties quand on les arrache, et qui était autrefois très réputé pour guérir les verrues.

Nous laisserons l'*Herbe aux verrues* sur son mur, ne la jugeant pas digne d'entrer dans notre bouquet.

Nous voici maintenant à la lisière du bois. Nous apercevons des fleurs régulières, d'un blanc laiteux, formées de cinq pétales. La plante qui les porte, arrachée avec précaution, nous montre au bas de sa tige et plongés dans le sol de petits grains arrondis, ou *bulbilles,* qui lui permettront de passer d'une saison à l'autre et de se multiplier; ils lui ont fait donner le nom de *Saxifrage granulée.*

Continuons notre route sous bois vers ce tapis doré qu'on voit reluire à travers les arbres; c'est la *Ficaire,* qui doit son nom aux renflements en forme de figues que portent ses racines, dont les nombreuses corolles produisaient cette illusion. Elle ressemble de loin au Bouton d'or, mais s'en distingue aisément par sa taille plus petite, ses feuilles non découpées et ses pétales plus nombreux.

Mais notre odorat vient d'être agréablement flatté : c'est la *Violette,* cachée derrière ces *Groseilliers sau-*

vages, déjà fleuris, qui nous envoie ce doux parfum.

Plus loin, nous apercevons les grandes feuilles tachées de blanc de la *Pulmonaire* aux corolles roses, bleues ou violettes, suivant leur âge ; les blancs pétales de l'*Anémone des bois* et la *Véronique*, dont les petites fleurs bleues sont si jolies, mais malheureusement si fragiles.

Dirigeons-nous maintenant vers cette grande tache de lumière qui nous indique une clairière. Le *Cerisier sauvage*, le *Prunier épineux* ou *Prunellier* y sont garnis de leurs fleurs comme d'un manteau de neige. Coupons sur le premier quelques branches à peine fleuries ; respectons le second, qui pourrait se venger sur notre épiderme, et asseyons-nous un instant pour jouir d'un repos bien gagné et aussi pour arranger la gerbe de fleurs que nous avons cueillie.

Des Ficaires et des Violettes entremêlées, nous ferons un petit bouquet qui, une fois terminé, nous surprendra par la façon harmonieuse dont se marient le jaune d'or et le violet. Les Ficaires devront être placées un peu plus bas que les Violettes, car dans l'eau elles s'allongent beaucoup et, au bout de deux ou trois jours, elles dépasseraient de quelques centimètres leurs charmantes voisines.

Le reste des fleurs nous servira à composer un gros bouquet dont le fond sera formé par quelques branches de Cerisier ; plus en avant, des Giroflées, des Saxifrages et, sur le bord, des Cardamines dont le feuillage découpé contribuera à la légèreté de l'en-

semble; en avant encore, et plus bas, des Boutons
d'or et quelques Véroniques, puis nous laisserons
pendre quelques petits rameaux fleuris de Linaire
cymbalaire, destinés à retomber sur le devant du
vase dans lequel nous placerons notre œuvre (*fig.* 19).

Ainsi chargés, nous rentrerons à la maison, con-
tents d'une journée si agréablement employée.

UN BOUQUET DE FLEURS DES CHAMPS EN ÉTÉ

Depuis notre excursion du printemps, bien des
changements se sont accomplis dans les champs et
dans les bois. Les Ficaires et les Sylvies ont, depuis
longtemps, laissé tomber leurs pétales; les corolles
de la Primevère et de la Violette odorante se sont
desséchées sur leur tige; le Cerisier et le Prunellier
ont échangé, contre une parure de fruits, leur
blanche garniture de fleurs.

Depuis, les petites corolles bleues du *Myosotis* se
sont ouvertes, le *Muguet* a parfumé les bois et les
fleurs de l'*Aubépine*, des *Chèvrefeuilles*, des *Viornes*,
ont fait l'ornement des buissons.

Allons revoir, en ce beau mois de juillet, les endroits que nous avons déjà parcourus.

Dans les prés, la marche est entravée par les
hautes herbes, du milieu desquelles émergent les
capitules roses de la *Centaurée Jacée*, les têtes violettes des *Scabieuses* et les rayons blancs de la
Grande Marguerite au cœur d'or. Les tiges élevées
de toutes ces fleurs sont d'un arrangement facile
et, à peine en route, nous ne pouvons résister au
désir d'en former une fraîche gerbe.

La teinte jaune uniforme des blés, qui penchent

sous le poids des épis mûrs, est égayée par les vives couleurs des *Coquelicots*, des *Bluets*, des *Nielles*, des *Pieds d'alouette*, inséparables compagnons que le cultivateur ne peut parvenir à chasser.

Dans les endroits arides, sur les pelouses desséchées par le soleil, s'épanouissent les fleurs bleues bilabiées de la *Sauge*, les fleurs jaunes du *Millepertuis,* dont les feuilles, interposées entre l'œil et une vive lumière, semblent percées de fines ouvertures, et les corolles rosées de la *Saponaire*, au suave parfum, dont les feuilles et les racines moussent dans l'eau comme du savon. Sur le bord des chemins, s'élève la colonne jaune du gros *Bouillon blanc* avec son piédestal de feuilles épaisses veloutées.

Dans leurs parties sombres, les bois sont maintenant presque privés de fleurs ; cependant, sur les pentes bien exposées, nous pouvons voir se balancer les longues grappes en pointe de la *Digitale pourprée,* autour desquelles vole, d'un air affairé, une légion de bourdons. Sa corolle en tube, assez semblable à l'extrémité d'un doigt de gant, lui a fait donner le nom de *Gant Notre-Dame ;* c'est une plante vénéneuse dont on a su tirer un utile remède contre les palpitations du cœur ; il n'y a aucun danger à la manier, mais on doit éviter de porter à la bouche ses fleurs et ses feuilles. Nous en ferons un bouquet qui, entouré de *Folle Avoine*, d'*Agrostis*, de *Brizes*, légères Graminées aux tremblants épillets, sera fort

Fig. 20. — Le bouquet de Digitale.
La Renoncule aquatique et ses feuilles à deux formes.

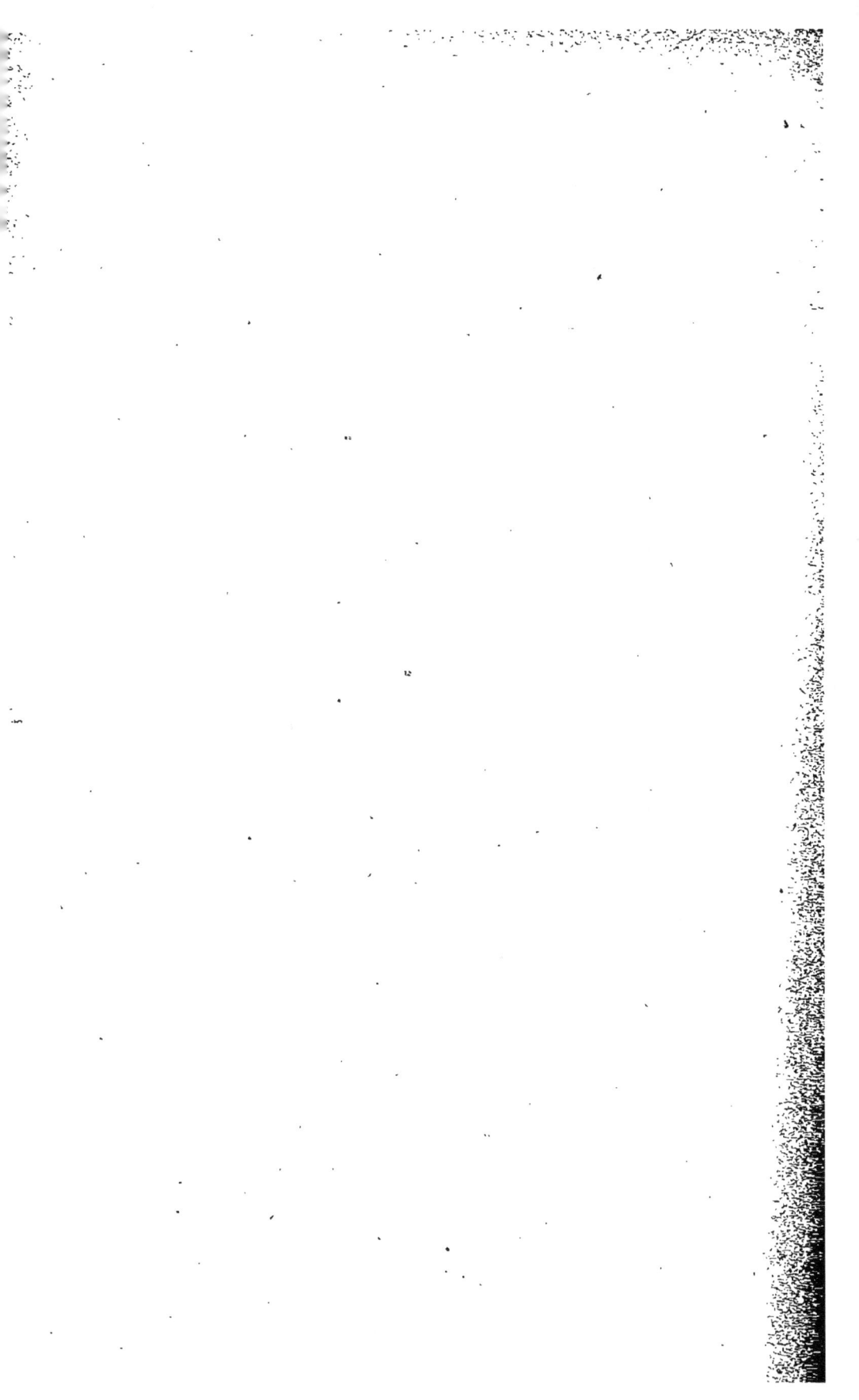

gracieux, malgré ses grandes dimensions (*fig.* 20).

L'étang dont nous voyons l'eau briller à travers les feuilles va nous présenter une flore bien différente. Voici déjà, sur ses bords, l'*Orchis tacheté*, aux fleurs blanches ou rosées, découpées d'une façon étrange, la *Menthe aquatique* à l'odeur forte et pénétrante, et la *Spirée ulmaire* ou *Reine des prés*, charmante Rosacée dont l'inflorescence d'un blanc pur exhale un délicat parfum d'amande amère.

La surface de l'eau est parsemée de petites étoiles blanches semblables en tout, sauf la couleur, aux Boutons d'or que nous connaissons déjà; c'est, en effet, une de leurs proches parentes, la *Renoncule aquatique* ou *Grenouillette*. Arrachons-la, nous verrons qu'elle porte des feuilles de deux sortes : celles qui flottent sur l'eau sont à peine divisées en trois lobes; au contraire, les feuilles submergées sont profondément découpées en fines lanières (*fig.* 20).

La *Sagittaire* ou *Fléchière*, qui habite aussi les eaux, présente de même des feuilles de plusieurs formes : ses feuilles *aériennes* sont en forme de fer de flèche, ses feuilles *submergées* ressemblent à de larges rubans et ses feuilles *flottantes* arrondies imitent celles des Nénuphars que nous apercevons au milieu de l'étang.

Certains végétaux terrestres sont aussi à *feuilles polymorphes*. La *Campanule à feuilles rondes*, que nous pourrions peut-être encore trouver bien que la saison soit avancée, a ses feuilles *radicales* (celles qui partent du bas de la tige) arrondies, tandis que ses feuilles *caulinaires* sont allongées. Dans le *Lierre*, les feuilles des rameaux florifères ne sont pas lobées comme les autres et semblent appartenir à une espèce différente.

Ces connaissances acquises, nous n'avons plus qu'à rentrer à la maison. En arrivant, nous place-rons, dans des vases remplis d'eau fraîche, nos bou-quets que l'ardent soleil de cette chaude journée a quelque peu fanés.

UN BOUQUET DE FLEURS DES CHAMPS
EN AUTOMNE

Voici la fin de septembre; il n'est que temps d'aller faire une dernière excursion à la recherche des fleurs peu nombreuses qui ont attendu, pour s'épanouir, la fin des chaleurs de l'été. Nous rencontrerons aussi quelques plantes, entrevues lors de notre précédente promenade, qui continuent à fleurir jusqu'aux premiers froids. Perdues au milieu des mille corolles éclatantes qui ornaient les champs au mois de juillet, elles avaient à peine attiré notre attention; mais nous leur trouverons aujourd'hui une grâce toute particulière due, sans doute, à leur rareté.

Tout en suivant le chemin qui descend à la prairie, donnons un coup d'œil aux buissons qui le bordent. Les choses ont bien changé depuis le commencement de l'été; l'*Aubépine* semble formée de branches de corail; on voit briller les baies orangées des *Chèvrefeuilles* à côté des grappes d'un violet sombre du *Sureau* et du *Troène*, et les fruits éclatants de la *Douce-amère* parmi les prunelles et les mûres.

Au pied des haies, émergeant des herbes peu élevées, voici les capitules bleus de la *Chicorée sauvage*, qui ne s'ouvrent que le matin, et les corymbes d'un blanc rosé de l'*Achillée millefeuille*, appelée aussi l'*Herbe aux charpentiers;* on en disait merveilles autrefois et on l'employait pour guérir les blessures. Plus loin, l'*Aigremoine* dresse, comme un long bâton sa maigre tige, sur laquelle sont collées de rares fleurs jaunes ; la grappe élancée de la *Linaire vulgaire* porte encore à son sommet quelques jolies fleurs d'un jaune de soufre aux corolles munies d'un long éperon, et la *Tanaisie* élève ses nombreux capitules d'un jaune pâle au-dessus de ses grandes feuilles découpées, d'un vert intense, qui exhalent, quand on les froisse, une odeur forte et aromatique.

La route est maintenant bordée de larges fossés humides qui vont apporter aussi leur contingent de fleurs à notre récolte. Leurs parois sont couvertes de *Menthe Pouliot,* aux fleurs minuscules groupées, au-dessus de feuilles odorantes, en pompons lilas de grosseur décroissante traversés par la tige ; l'*Eupatoire à feuilles de chanvre* laisse pencher ses fleurs violettes presque fanées à côté des hautes grappes de la *Salicaire*, amie des Saules, dont le pourpre a légèrement pâli, tandis que l'*Epilobe velu*, enraciné dans le fond du fossé, vient porter, à travers un fouillis de plantes, ses grandes corolles roses jusqu'au niveau de la route.

Mais nous voici dans la prairie. Elle est, à perte de vue, parsemée de taches d'un violet pâle : ce sont les corolles du *Colchique d'automne* sorties depuis peu de leur bulbe profondément enfoncé dans le sol. Parmi les Colchiques, quelques gentilles pâquerettes continuent à fleurir et la *Scabieuse succise* balance ses capitules bleus au sommet de trois tiges inégales. Nous en faisons une ample récolte avant de pénétrer dans le bois.

Là, les plantes fleuries sont rares ; le temps est loin où les Sylvies, les Ficaires et les Violettes brillaient partout au clair soleil que laissaient passer les branches dénudées. On rencontre cependant encore les jolies étoiles roses du *Sedum reprise*, aux feuilles raides, épaisses, toutes gonflées d'eau ; la *Gesse des bois* porte encore quelques-unes de ses fleurs au large étendard pourpré, et la *Solidage Verge d'or* est couronnée de ses belles grappes jaunes de fleurs en capitule.

On trouve à chaque pas une plante de pauvre apparence, terminée par de multiples grappes allongées de fleurs jaunâtres, irrégulières, sans éclat, à la lèvre pendante, c'est la *Germandrée scorodoine*, qui tient, parmi les remèdes populaires, une place honorable à cause de ses propriétés toniques et réconfortantes.

Dans les clairières, les *Bruyères* sont en pleine floraison, et leurs mignonnes corolles en grelot présentent toutes les nuances du rose et du violet.

Nous en coupons un grand nombre parmi celles qui sont encore vivement colorées ; elles formeront le pourtour d'un bouquet dont le centre sera composé de fleurs de Scabieuse et des grappes de la Verge d'or (*fig.* 21).

Fig. 21. — Bouquet de fleurs d'automne :
Scabieuse, Verge d'or, Bruyère.

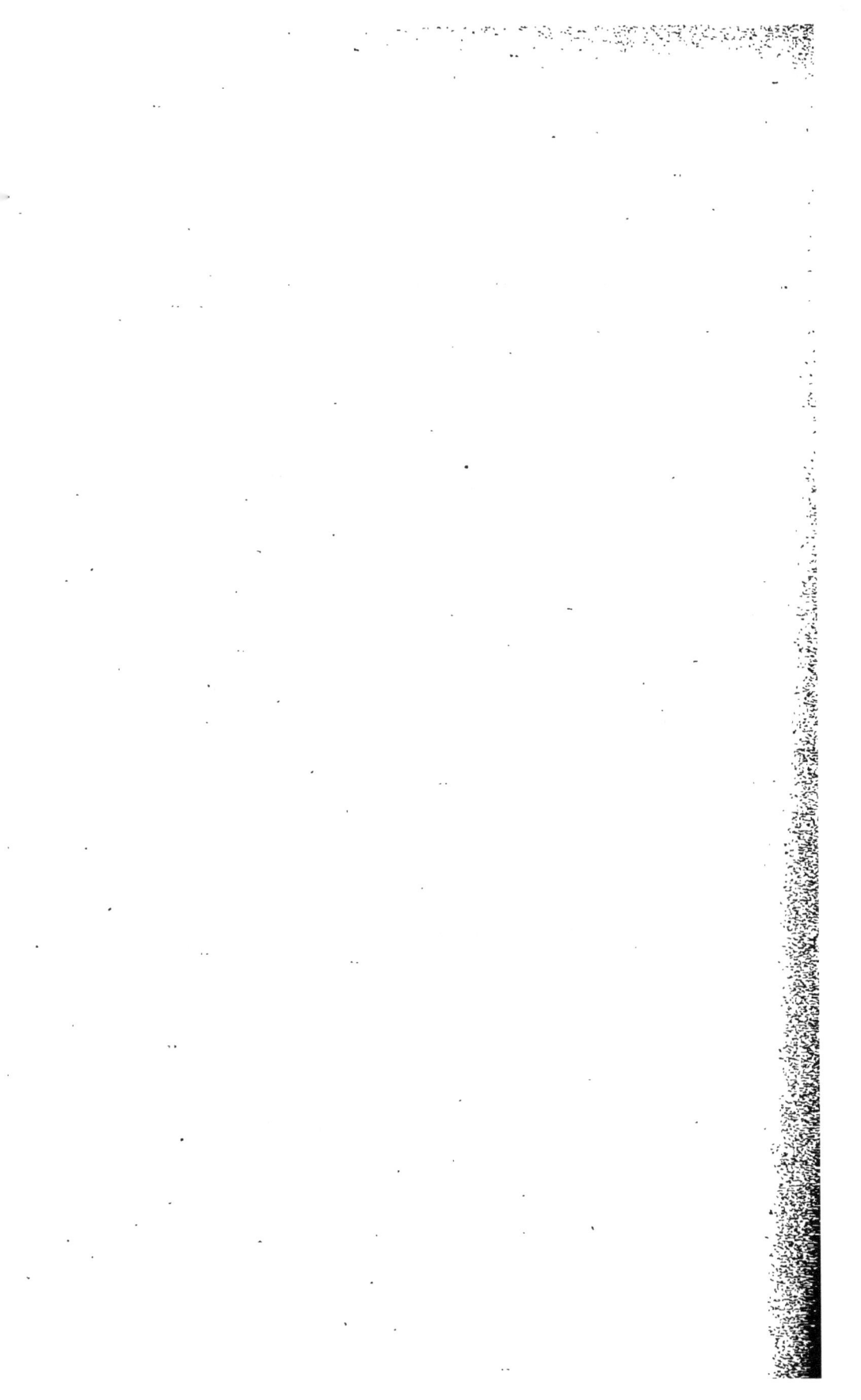

COURONNES ET COLLIERS DE FLEURS DES CHAMPS

Les rameaux verts, les couronnes de fleurs ont toujours fourni des ornements naturels et des emblèmes. Les feuilles du laurier d'Apollon servaient autrefois de couronnes aux vainqueurs ; au moyen âge, des branches de laurier chargées de leurs fruits étaient posées sur le front des écoliers qui avaient brillamment passé leurs examens. Aujourd'hui, il faut aller dans nos plus modestes écoles de hameau pour voir des couronnes en feuilles véritables de laurier orner la tête des petits villageois pendant la distribution des prix.

Les feuilles de la vigne servaient naturellement d'emblèmes aux buveurs, et Bacchus est toujours représenté enguirlandé de pampres ; aujourd'hui ses disciples, toujours nombreux, toujours fidèles à la plante divine, en honorent les fruits mais dédaignent de se parer de ses feuilles recouvertes de sulfate de cuivre. Ainsi s'en vont les traditions !

Pour voir des guirlandes naïves, de jolis colliers de fleurs des champs orner de gracieux visages, allons, lecteurs, allons par un beau dimanche de mai faire une promenade dans certaines fraîches prairies du parc de Saint-Cloud.

Autour du cercle des parents, causant assis sur

l'herbe, — bonheur suprême du Parisien auquel l'air et la lumière sont mesurés pendant une longue semaine — des fillettes jouent, confectionnent des bouquets ou des couronnes dont elles se parent ensuite, souvent d'une façon très heureuse.

Observons-les, voyons de près leur travail; pour un botaniste, voir des fleurs est toujours agréable, et peut-être même en résultera-t-il pour nous quelque enseignement.

Voyons d'abord ces deux paresseuses; les couronnes, par elles, sont bientôt faites : elles vont, dans ce bouquet d'arbres, dérouler les longues branches flexibles du *Chèvrefeuille,* dont les fleurs, à peine ouvertes, exhalent déjà un délicat parfum; entre leurs mains, c'est bientôt une charmante guirlande dont leur chapeau n'est pas trop surchargé. Le *Liseron des champs* aux petites corolles blanches et roses; le *Lierre* même, qu'elles séparent sans pitié de son support plusieurs fois centenaire, subissent le même sort.

Quelques-unes, plus patientes, sortent une aiguille d'un étui qu'elles n'ont eu garde d'oublier et traversent d'un fil les capitules de la petite pâquerette (*fig.* 22) dont un amoncellement est à leurs pieds; ou bien encore elles font des bracelets de corolles de lilas; les tubes emboîtés sont en partie dissimulés, on n'aperçoit que quatre lignes dentelées formées par les parties libres étalées des pétales.

Plus loin en voici d'autres encore qui ont cueilli toutes les *Primevères* tardives qu'elles ont rencon-

Fig. 22. — Les colliers de fleurs des champs.
Primevère à long style. — Primevère à court style.

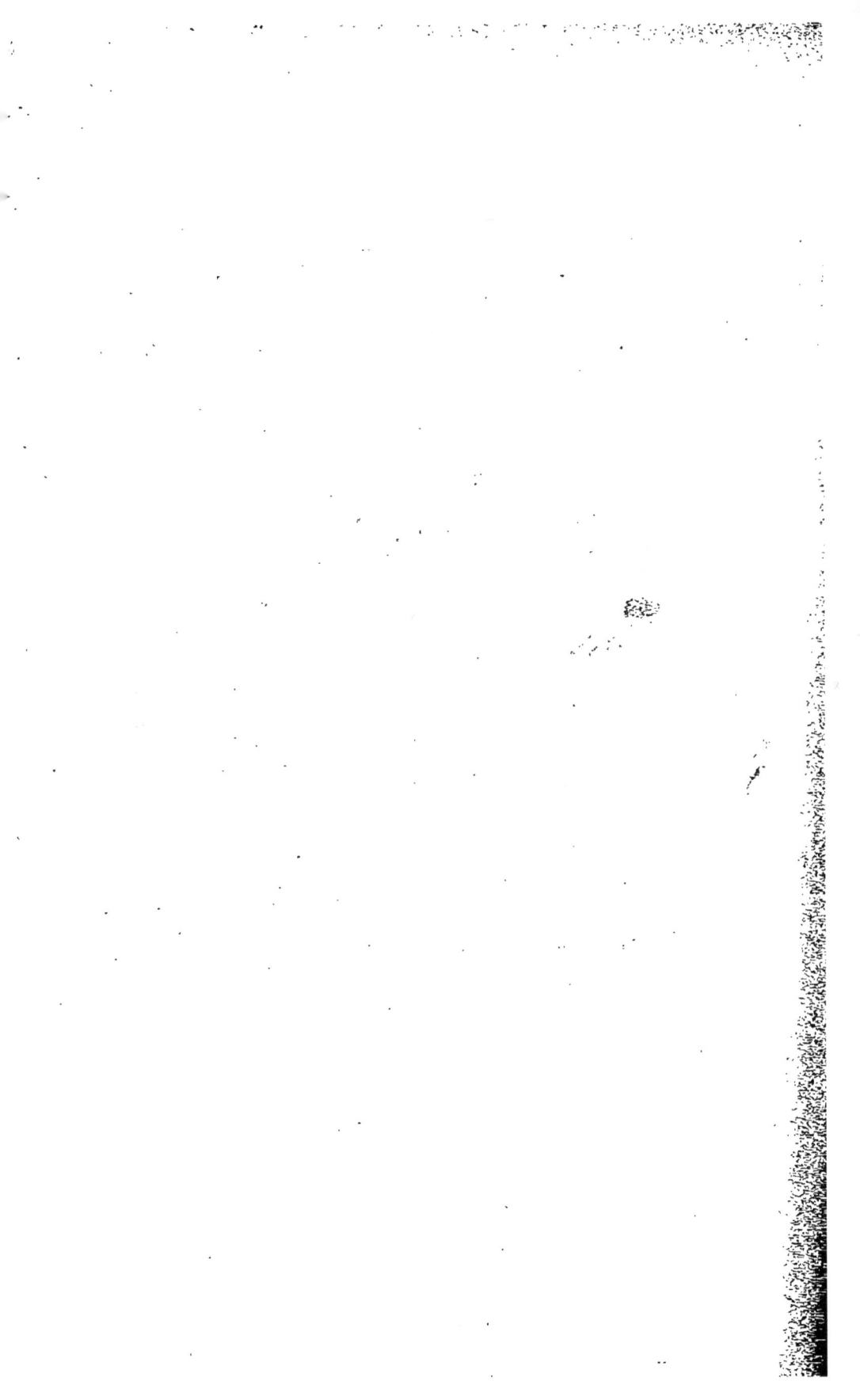

trées ; elles ont aisément séparé du calice les jolies
corolles jaunes à long tube et, maintenant assises,
les réunissent en collier comme le font, à côté, les
fillettes au lilas ; mais cela ne va pas tout seul, *cer-*
tains tubes pénètrent facilement les uns dans les
autres, d'autres s'y refusent au grand ennui des tra-
vailleuses.

Partons maintenant, car, au milieu de cette acti-
vité, nous serions peut-être tentés, nous aussi,
d'emprunter une aiguille et du fil et de nous livrer
à ces plaisirs d'un autre âge ; mais, à peine sur le
chemin de la ville, vous posez déjà cette question :

— Pourquoi cette différence dans la façon dont se
comportent ces fleurs de primevère en apparence
toutes semblables? Botaniste, mon ami, c'est le
moment de distiller votre science.

— Si vous aviez fendu quelques-unes de ces
fleurs, vous auriez vu qu'il en est de deux sortes :
les unes ont l'ovaire surmonté d'un grand filament
ou style qui dépasse presque l'orifice de la corolle,
les autres ont un style qui atteint à peine la moitié
du tube. Les premières ont les anthères insérées au-
dessous du stigmate (partie terminale du style), les
autres au-dessus, à l'entrée de la corolle. Il en résulte — et c'est ce dont vous vous convaincrez aisément en jetant un coup d'œil vers le bas de notre
gravure (*fig.* 22) — que, dans les fleurs à court style,
la forme du tube et la présence des étamines à son
entrée empêcheront la pénétration d'un autre tube.

— Botaniste, mon ami, vous parlez d'or et nous comprenons maintenant comment cette disposition rend certains de ces tubes rebelles à la pénétration, mais quelle en est l'utilité pour la plante, voilà ce que nous serions curieux de savoir ?

— Examinez un peu la primevère à long style. Est-il facile aux étamines d'envoyer leur pollen sur le stigmate situé beaucoup plus haut ? Non, n'est-ce pas, et ces fleurs resteraient stériles sans les insectes. Voici comment les choses se passent d'après un maître observateur, le naturaliste anglais Darwin. Un papillon, cherchant le nectar au fond de la corolle d'une fleur à long style, barbouille de pollen *l'extrémité antérieure* de sa trompe ; poussé par sa gourmandise, il visite ensuite une fleur à court style et dépose ce pollen sur son stigmate situé précisément à la même hauteur que les étamines de la fleur précédente. En même temps, il recouvre *la base* de sa trompe du pollen de la fleur à court style qu'il ira tout à l'heure déposer — agent inconscient de fécondation — sur le stigmate d'une autre fleur à long style.

Vous voyez donc que chaque fleur d'une sorte ne peut être fécondée que par le pollen de l'autre sorte, c'est-à-dire que la plante se reproduit toujours par fécondation croisée. — Cette double forme des fleurs, gênante pour les fillettes qui font des couronnes, est indispensable à la reproduction de la Primevère.

LA FÉCONDATION

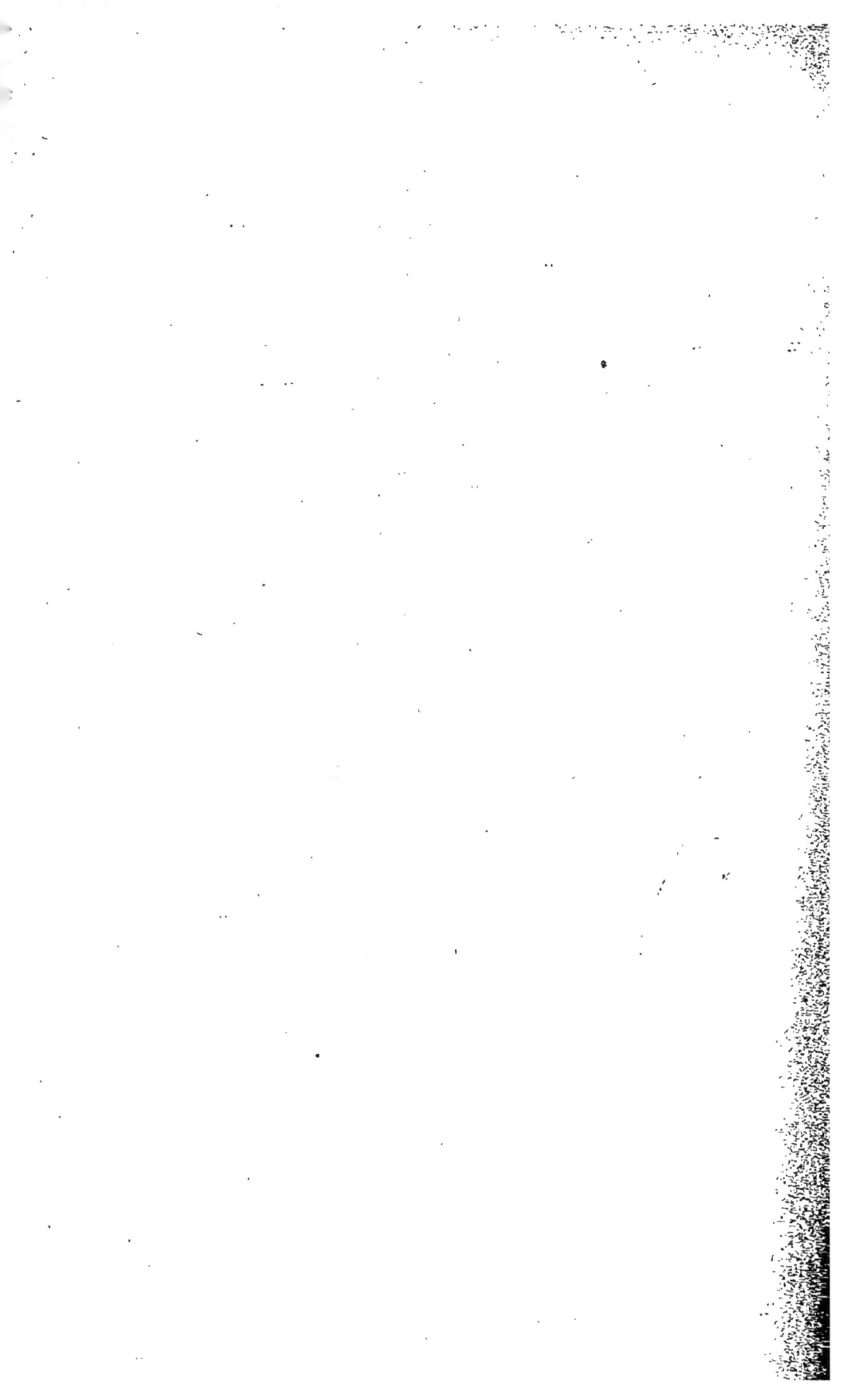

VII

LA FÉCONDATION

~~~~~~~~~

LES MOUVEMENTS DES ÉTAMINES
DE L'ÉPINE-VINETTE

Les haies et les buissons sont, au mois de mai, dans tout l'éclat de leur parure. L'Aubépine est couverte d'un blanc manteau de fleurs odorantes, les Lilas dressent leurs grappes au milieu de leur feuillage d'un vert gai et la *Viorne obier* porte à l'extrémité de ses rameaux ses jolis groupes de fleurs si justement nommés *Boules-de-neige*.

Plus loin, l'*Épine-vinette* aux feuilles dentées, vertes ou violacées, laisse pendre ses épis de fleurs d'un beau jaune d'or. C'est justement elle que nous cherchions; elle est assez commune loin des cultures, mais on la détruit de plus en plus, et avec raison, car c'est sur elle que se développe, d'abord, le champignon microscopique qui produit la *rouille* du blé.

Malgré les nombreuses épines qui protègent l'arbuste, cueillons une grappe de ses fleurs. En exami-

nant l'une d'elles avec soin, nous remarquons un
calice à six sépales peu·différents des six pétales qui
forment la corolle, six étamines placées chacune
vis-à-vis le milieu d'un pétale et appliquée contre
lui; enfin, au centre, un ovaire allongé ayant la
forme d'une petite bouteille et surmonté d'un stigmate (*fig.* 23).

Avec la pointe d'une épingle touchons doucement
la base d'une des étamines, nous la verrons quitter
brusquement le pétale sur lequel elle était appuyée
pour venir appliquer son extrémité renflée, ou *anthère*, contre le stigmate; en même temps, si l'anthère est mûre, il en sort par une espèce de petit
panneau soudainement ouvert (*fig.* 23) un léger nuage
de pollen qui vient recouvrir le stigmate. Si l'ébran-
lement est trop violent, le mouvement gagne rapidement de proche en proche les autres étamines
qui s'abattent successivement et entourent l'ovaire,
comme pour le protéger.

Le contact de l'épingle a donc eu trois effets également remarquables : 1° il a fait ouvrir les anthères
jusque-là fermées ; 2° il a fait décrire à l'anthère un
arc de cercle du pétale au stigmate ; 3° la poussière
fécondante a été lancée.

Voilà, certes, de curieux mouvements; nous allons essayer d'en déterminer la cause. En regardant
à la loupe la base des pétales sur une fleur non encore ouverte, nous verrons que chacun d'eux porte
deux petits bourrelets, ou plutôt deux petites glan-

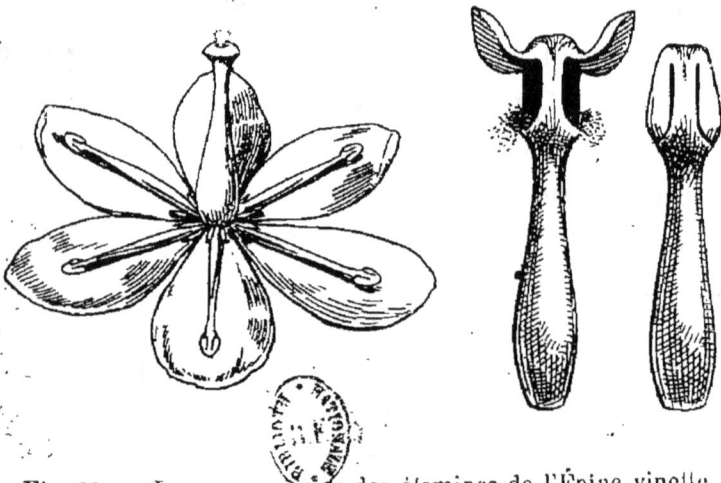

Fig. 23. — Les mouvements des étamines de l'Épine-vinette
Détail de la fleur. — Anthère ouverte. — Anthère fermée

des entre lesquelles le filet d'une étamine est pincé
et maintenu. A mesure que les enveloppes florales
s'épanouissent, les étamines, serrées par les glandes,
sont forcées de suivre le mouvement d'expansion des
pétales et s'étalent avec eux ; mais leur captivité
n'est pas très étroite et, comme nous l'avons vu, le
moindre frottement amène leur délivrance.

Ne croyons pas cependant avoir tout expliqué, car
si nous regardons de nouveau, après lui avoir ac-
cordé quelques minutes de repos, la fleur qui a déjà
servi à notre expérience, nous verrons que les étamines ont repris peu à peu leur position près des
pétales pour la quitter ensuite au moindre attouche-
ment.

Il y a donc là un phénomène particulier de sensibilité ; d'ailleurs, la répétition trop fréquente des
excitations, un vent violent rendent les étamines
insensibles pour longtemps.

L'utilité de ces mouvements pour la plante est ma-
nifeste. Dans ces fleurs pendantes, les anthères, re-
lativement éloignées de l'ovaire, laisseraient tomber
à terre leur pollen et les ovules auraient peu de
chances d'être fécondés. Grâce à cette disposition,
l'anthère est maintenue fermée et garde précieuse-
ment son pollen pour le déposer directement sur le
stigmate quand le contact d'un insecte ou un vent
léger lui donnera l'impulsion nécessaire, ou même
simplement quand, à la maturité, son filet, devenu
plus mince par l'évaporation de l'eau qu'il contient,

pourra se glisser entre les deux glandes qui le rete-
naient prisonnier.

Les étamines de toutes les autres plantes de la
famille des Berbéridées possèdent comme celles de
l'Épine-vinette (*Berberis communis*) cette remarquable sensibilité. On pourra, par exemple, le constater
sur le *Mahonia à feuilles de houx* (*M. aquifolia*), bel
arbuste, si commun dans les jardins, pour l'ornement desquels l'ont fait apprécier sa résistance au
froid, son feuillage toujours vert et ses belles grappes
de fleurs d'un jaune d'or, épanouies dès le milieu
d'avril.

LES PLANTES A PROJECTION DE POLLEN

Nous avons vu, dans la précédente récréation,
avec quelle rapidité se meuvent les étamines de
l'Épine-vinette; il en est de même des étamines du
Pourpier à fleurs multicolores qui, au moindre contact, s'agitent avec violence pendant quelques instants. Celles de quelques Liliacées et de certaines
Composées comme les Chardons, la Chicorée sauvage, le Bluet, les Scabieuses, etc., ne montrent
pas moins de sensibilité; enfin, les mouvements des
étamines de la *Rue*, plante nauséabonde qui fleurit
en juin dans les lieux arides du midi de la France,
pour être plus lents, n'en sont pas moins curieux.

La fleur, d'une jolie teinte jaune pâle, en dedans
d'un calice formé de quatre ou cinq pièces, comprend
quatre ou cinq pétales concaves très épanouis, terminés chacun par un petit capuchon. Des huit ou
dix étamines, la moitié est étalée entre les pétales;
les autres, couchées sur les pétales, ont leurs anthères confortablement à l'abri dans le capuchon;
au centre est l'ovaire arrondi surmonté d'un court
filament.

A la maturité, une étamine se relève d'un mouvement insensible tout en courbant son filet dans la

11

concavité du pétale de façon à ce que l'anthère puisse — s'il y a lieu — sortir de son capuchon et vienne s'appliquer exactement sur le stigmate auquel, pendant un contact prolongé, elle abandonne son pollen. Sa fonction accomplie, elle se retire et redevient lentement horizontale ; mais alors sa voisine se redresse à son tour et la remplace sur le stigmate pour reprendre ensuite sa position de repos ; c'est le tour de la suivante et ainsi de suite jusqu'à ce que toutes aient déposé leur pollen en lieu sûr et sans qu'il y ait jamais le moindre changement dans l'ordre adopté. La corolle et les étamines, devenues inutiles, se fanent à ce moment et disparaissent, laissant à l'ovaire le soin de mûrir la graine.

Dans d'autres plantes, les étamines sont d'humeur moins vagabonde, mais c'est le style ou le stigmate — quelquefois les deux — qui accomplissent spontanément certains mouvements évidemment destinés à retenir le pollen.

Les stigmates du *Glaïeul*, de la *Gratiole*, de la *Gentiane jaune*, etc., sont formés de deux lèvres ordinairement largement ouvertes ; dès qu'on touche l'une d'elles, elles se rapprochent vivement pour reprendre lentement leur position première au bout d'environ dix minutes.

Dans les plantes à fleurs unisexuées, on a tout lieu de croire les étamines bien tranquilles, attendant du vent ou des insectes le transport de leur

Fig. 24. — La *Pilea callitrichoides*. — Détail d'un rameau.

pollen; il n'en est pas toujours ainsi et dans les fleurs mâles du *Mûrier* et de l'*Ortie*, ainsi que dans les fleurs complètes de la *Pariétaire*, se trouvent des étamines impatientes qui, au moindre contact, se dressent et en même temps lancent leur pollen qui retombe sur le stigmate des fleurs voisines.

Il vous sera facile de vous en assurer, et pour cela je ne vous engage pas à vous adresser à l'Ortie — qui s'y frotte s'y pique — mais bien à la *Pariétaire*. Vous la trouverez, humble plante sans grâce, au pied des murs humides, dans les fossés; ses feuilles alternes, non découpées, couvertes de poils, vous permettront de la reconnaître ainsi que ses fleurs, petites, verdâtres, sans éclat et de deux sortes : les unes n'ont qu'un pistil, les autres ont de plus quatre étamines.

Celles-ci sont enroulées, ramassées sur elles-mêmes sous la pression de l'enveloppe florale; mais touchez doucement la fleur en son milieu avec un brin d'herbe, vous verrez, comme un diable qui sort de sa boîte, les quatre étamines se dresser brusquement et leurs anthères lancer, jusqu'à un mètre de distance, un jet violent de pollen.

Ce qui est plus remarquable encore, c'est le cas de certaines anthères qui s'ouvrent sous l'action de l'humidité.

On trouve chez les horticulteurs une plante exotique, au feuillage découpé, très élégant, qui répond au doux nom de *Pilea callitrichoides* (*fig.* 24). Elle figure fort bien dans une jardinière, elle est toujours verte, se bouture aisément et exige peu de soins.

De plus, dès qu'arrive la fin de mai où le commencement de juin, elle peut donner lieu à une distraction intéressante. Profitant d'une période de chaleur, on la laisse un jour sans l'arroser, puis, la retournant, on la plonge dans un baquet plein d'eau; la terre, qu'on retient avec la main étendue, ne doit pas être mouillée. On l'expose alors au soleil; au bout d'un quart d'heure la plante paraît animée et pendant quelques instants des fusées de poussière en partent dans toutes les directions.

Ce sont les étamines, contenues dans les fleurs presque imperceptibles situées à l'aisselle des feuilles, qui occasionnent tout ce mouvement en lançant vigoureusement leur pollen.

UN FEU FOLLET BOTANIQUE

Au moment de la fécondation, toute la vie de la plante semble se concentrer dans les fleurs. C'est alors que l'on voit des étamines se mettre en mouvement, des anthères s'ouvrir par quelque mécanisme ingénieux et des nuages de pollen, lancés comme par un ressort, venir recouvrir les stigmates.

Dans d'autres plantes, la fleur semble brûlée par un feu ardent, et un thermomètre qu'on y plonge indique une température bien supérieure à celle de l'air extérieur. C'est ainsi que dans la *Colocase odorante* on constate au moment de l'épanouissement de la fleur, et pendant plusieurs jours, une élévation de température qui passe par un maximum entre trois et six heures de l'après-midi. Les fleurs de la *Victoria regia*, des *Magnolia*, se comportent d'une façon analogue.

Mais c'est chez les *Aroïdées*, à cause de la disposition spéciale de l'inflorescence, qu'on a constaté la plus grande chaleur.

L'inflorescence de l'*Arum à feuilles en cœur* de l'île Bourbon peut à peine, au moment précis de la fécondation, être tenue à la main ; d'ailleurs peu de temps après, de verte qu'elle était, elle devient d'un violet noirâtre, comme brûlée; puis bientôt toutes les parties inutiles se dessèchent et meurent.

Ces phénomènes se produisent aussi, mais d'une façon moins intense, dans le *Gouet* ou *Pied-de-veau*, qui est l'*Arum tacheté* (*Arum maculatum*) des botanistes. Il est abondant dans les bois de toute la France où il fleurit dès la fin d'avril. Son nom lui vient de ses grandes feuilles luisantes marquées de points noirs; de leur base part une tige terminée par une sorte de cornet jaune-verdâtre ou *spathe*, qui entoure un épi de fleurs (*spadice*) arrondi à son extrémité en massue violacée; les fleurs à étamines sont dans la partie moyenne, les fleurs pistillées au-dessous.

On comprend aisément comment la chaleur dégagée par ce groupe de fleurs et concentrée par le cornet qui l'entoure peut devenir très sensible.

La *Fraxinelle* (*Dictamnus albus*) présente au moment de la fécondation des particularités d'un autre ordre.

Cette jolie plante, qui croît spontanément dans le midi de la France, réussit fort bien en pleine terre dans les jardins des environs de Paris; elle est vivace et atteint fréquemment deux pieds de hauteur.

Ses feuilles, grandes, découpées, rappellent celles du Frêne (*Fraxinus*), d'où son nom vulgaire; ses belles grappes terminales de fleurs blanches ou purpurines, rayées de pourpre foncé, s'épanouissent depuis le mois de juin jusqu'à la fin de juillet et

Fig. 25. — Inflammation de l'essence qui se dégage
des fleurs de la Fraxinelle.

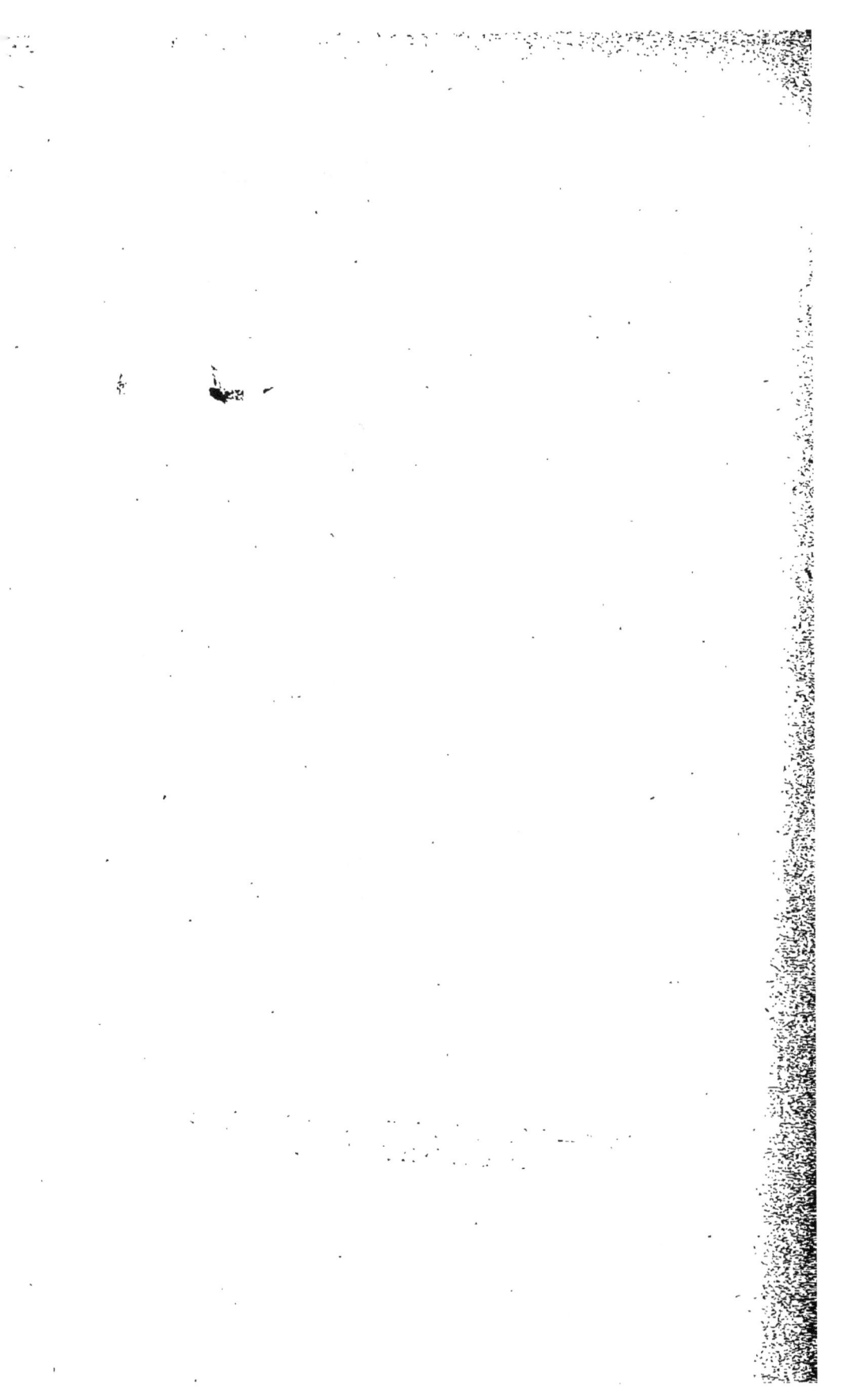

répandent une odeur aromatique très agréable, mais extrêmement forte, dont la plante est comme enveloppée.

C'est alors le moment, si l'on possède cette plante, de l'utiliser pour la récréation suivante.

Par une chaude soirée, succédant à une chaude journée bien sèche, on descend au jardin et l'on approche des fleurs une bougie allumée ; la vapeur aromatique s'enflamme (*fig.* 25), des lueurs rapides brillent au sommet de la plante et ces feux follets gagnent bientôt les Fraxinelles voisines dont l'essence s'enflamme.

Si le temps se maintient chaud et sec, on peut recommencer le lendemain et d'autres soirs encore, jusqu'à ce que la fécondation soit achevée et que les fleurs commencent à se flétrir ; mais après une journée de pluie, il faut attendre quelques jours pour parvenir à enflammer l'essence. On est toujours sûr de réussir si l'on a eu le soin d'entourer la plante d'une haute cage de verre, fermée à la partie supérieure, par un couvercle qu'on soulève seulement au moment de faire l'expérience.

LES FLEURS A SECRET

Au théâtre, dans une féerie, ne vous êtes-vous jamais intéressé aux aventures de quelque Prince Charmant en butte aux tracasseries d'une sorcière affreuse qui lui joue les plus méchants tours, mais protégé par une fée bienfaisante dont la puissance n'est pas moins grande et qui finit par triompher vers la fin du cinquième acte? N'avez-vous pas admiré les trucs ingénieux employés par les auteurs de la pièce? N'avez-vous pas vu, par exemple, le héros, mourant de faim et de soif, frapper violemment à la porte d'une auberge qui reste close sous ses coups? Il va périr ; mais la bonne fée veille sur lui, un ressort apparaît, il le presse, et la porte s'ouvre laissant voir une table abondamment servie.

La nature, la plus puissante des fées, sait aussi disposer des ressorts merveilleux. Considérez les fleurs du *Muflier des jardins*. Leur corolle, d'un rouge violacé, formée de deux lèvres hermétiquement closes, semble un asile inviolable pour les organes qu'elle protège et ce gros bourdon qui tourne alentour d'un air gourmand en sera sans doute pour ses frais. Il se pose sur les fleurs, va, vient, cherche partout une entrée qui n'existe pas.

Ne le perdons pas de vue cependant. Le voilà qui s'appuie sur une tache d'un jaune vif que nous avions déjà remarquée sur la lèvre inférieure de la corolle ; immédiatement elle s'écarte de l'autre, et, par cette ouverture, le bourdon pénètre et va lécher le nectar, objet de ses convoitises.

Ne voyez-vous pas que nous sommes de nouveau en pleine féerie ? La fleur est l'auberge close ; la tache jaune est le ressort sur lequel il faut presser pour ouvrir la porte et le bourdon, le Prince Charmant pour lequel le couvert est mis !

Ne croyez pas que ce soit là un fait isolé. Un grand nombre de fleurs fermées sont ainsi marquées d'une tache apparente dont la couleur — généralement le jaune ou l'orangé — est douée d'un grand pouvoir lumineux.

Appuyez, vous-même, le doigt sur cette enseigne, vous verrez la corolle s'entr'ouvrir.

Les insectes sont bien au courant de cette particularité. Sont-ils attirés par la lumière plus vive qui se dégage du *point voyant*, ou l'expérience leur a-t-elle appris que c'est là le seul endroit vulnérable de la corolle ? Nous l'ignorons, mais toujours est-il que bien peu hésitent aussi longtemps à ouvrir la porte que le bourdon novice dont nous suivions tout à l'heure les allures embarrassées.

Ce n'est pas pour notre amusement que la nature a créé cet ingénieux mécanisme ; ce n'est pas davantage pour l'insecte dont il complique le travail ; la fleur, seule, en profite ; sa corolle, fermée, protège les anthères et le pistil contre les injures de l'air ; à peine entr'ouverte pour un instant, elle mesure l'espace à l'insecte qui, gêné par les anthères, couvre son corps velu de pollen qu'il ira porter sur le stigmate de la fleur voisine.

Empêcher que les ovules de la fleur soient fécondés par son propre pollen, tel est le but que se propose souvent la nature et, pour y réussir, elle a plus d'un tour dans son sac.

La *Pensée* va nous en offrir un admirable exemple. Sa fleur, irrégulière, est formée de cinq pétales, dont l'inférieur, terminé en éperon, contient le nectar. Ses cinq étamines à filets très courts sont rapprochées en un tube conique entourant l'ovaire, lequel porte un style tordu surmonté d'un stigmate fermé par un petit clapet (*fig.* 26).

Lorsqu'une abeille visite cette fleur, sa trompe, en cherchant à pénétrer dans l'éperon, ouvre forcément ce clapet sur lequel elle dépose le pollen rapporté d'un précédent voyage. Après avoir aspiré le nectar et s'être couverte du pollen de la fleur, elle se retire en fermant le petit couvercle. Le stigmate d'une fleur de Pensée, toujours fermé au pollen de ses anthères, ne s'ouvre donc que pour recevoir la poussière fécondante d'une fleur étrangère.

La fleur de la *Sauge des prés* est machinée d'une façon non moins curieuse. Sa corolle, tubulée à la base, est terminée par deux lèvres largement ouvertes et les insectes semblent avoir beau jeu pour aller récolter le nectar, situé au-dessous de l'ovaire dans une petite bosse du tube.

Mais ne croyez pas que cela soit aussi facile; oubliez-vous que l'insecte est le grand distributeur de pollen ! S'il n'est pas gêné dans sa récolte, s'il n'est pas forcé de se frotter aux étamines, comment peut-il accomplir sa fonction ?

Étudions donc la fleur avec attention. Elle n'a que deux étamines, mais disposées d'une façon bizarre. Les deux anthères de chacune d'elles, au lieu d'être rapprochées au sommet d'un même filet, sont situées aux deux extrémités d'une sorte de fléau de balance dont les bras seraient inégaux (*fig.* 26). Le bras le plus long, caché dans la lèvre supérieure de la corolle, porte une anthère fertile ; le plus court, une anthère avortée qui, avec sa voisine de l'autre étamine, ferme complètement le tube de la corolle.

Pour arriver jusqu'au nectar, l'insecte est donc forcé d'appuyer sur ces deux petits leviers ; ils tournent, lui laissant le passage libre, mais ce mouvement fait basculer les deux anthères fertiles qui se projettent en avant et couvrent de pollen le dos du maraudeur.

Dès que celui-ci se retire, tout rentre en ordre : l'élasticité des filets ramène les anthères sous la lèvre supérieure, les petits leviers viennent fermer de nouveau le tube ; la fleur est prête pour recevoir d'autres visiteurs.

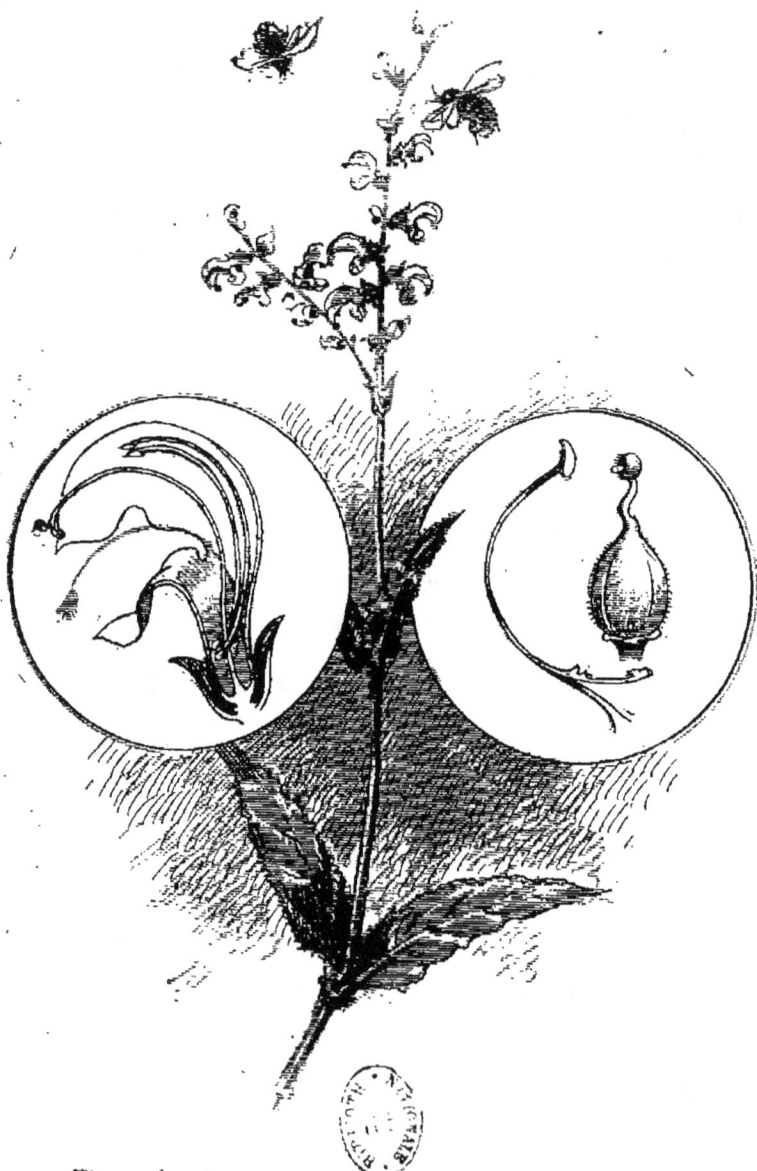

Fig. 26. — La Sauge des prés visitée par les abeilles.
Fleur de la Sauge, légèrement grossie. — L'Étamine de la Sauge.
Ovaire et stigmate de la fleur de Pensée.

12

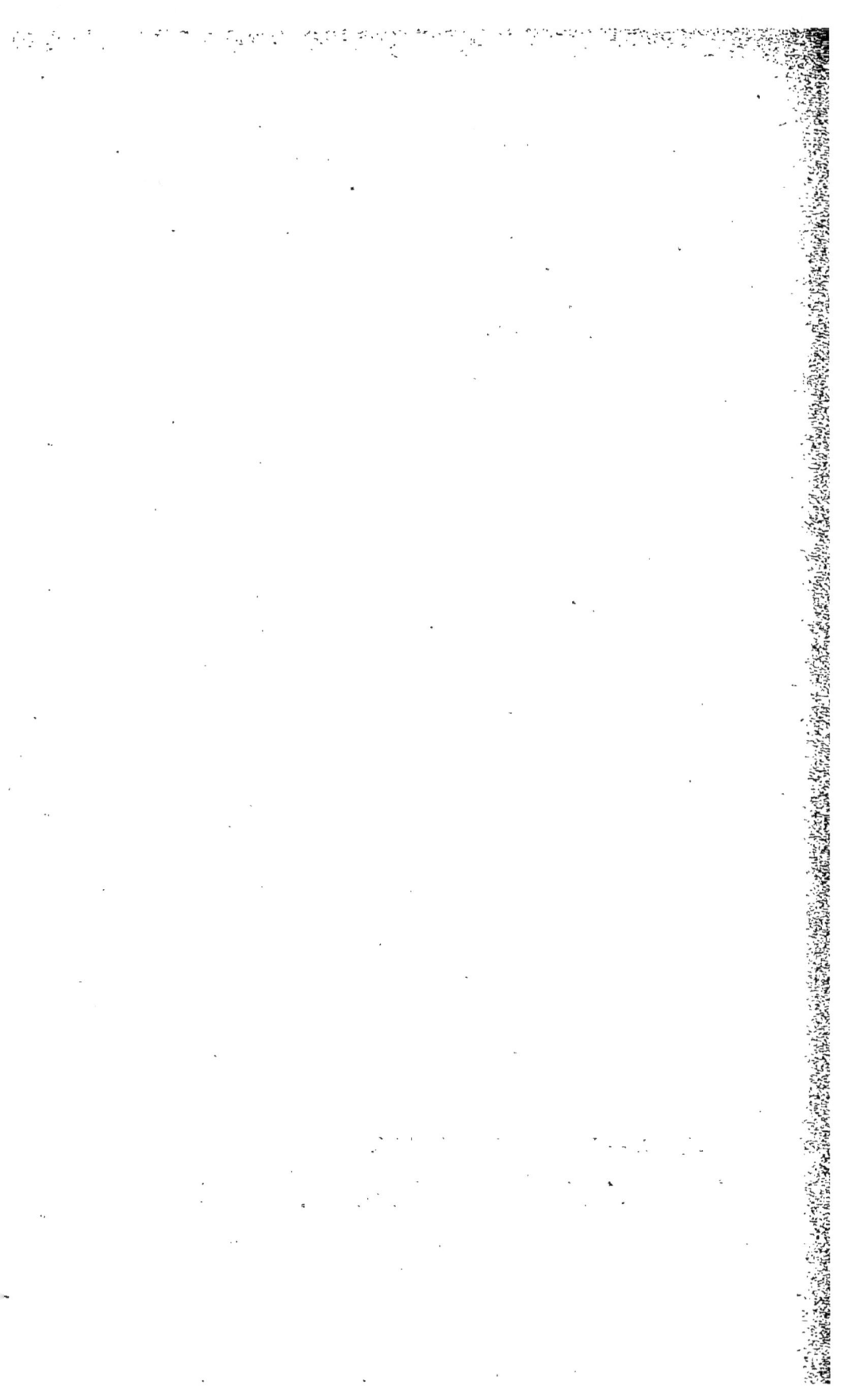

Quant à l'insecte, il passe bientôt sur une autre fleur ; en y pénétrant, son dos frôle le stigmate bifide qui — semblable à la langue d'un serpent — dépasse le bord de la lèvre supérieure ; et il y dépose le précieux pollen dont l'avaient couvert les anthères à bascule.

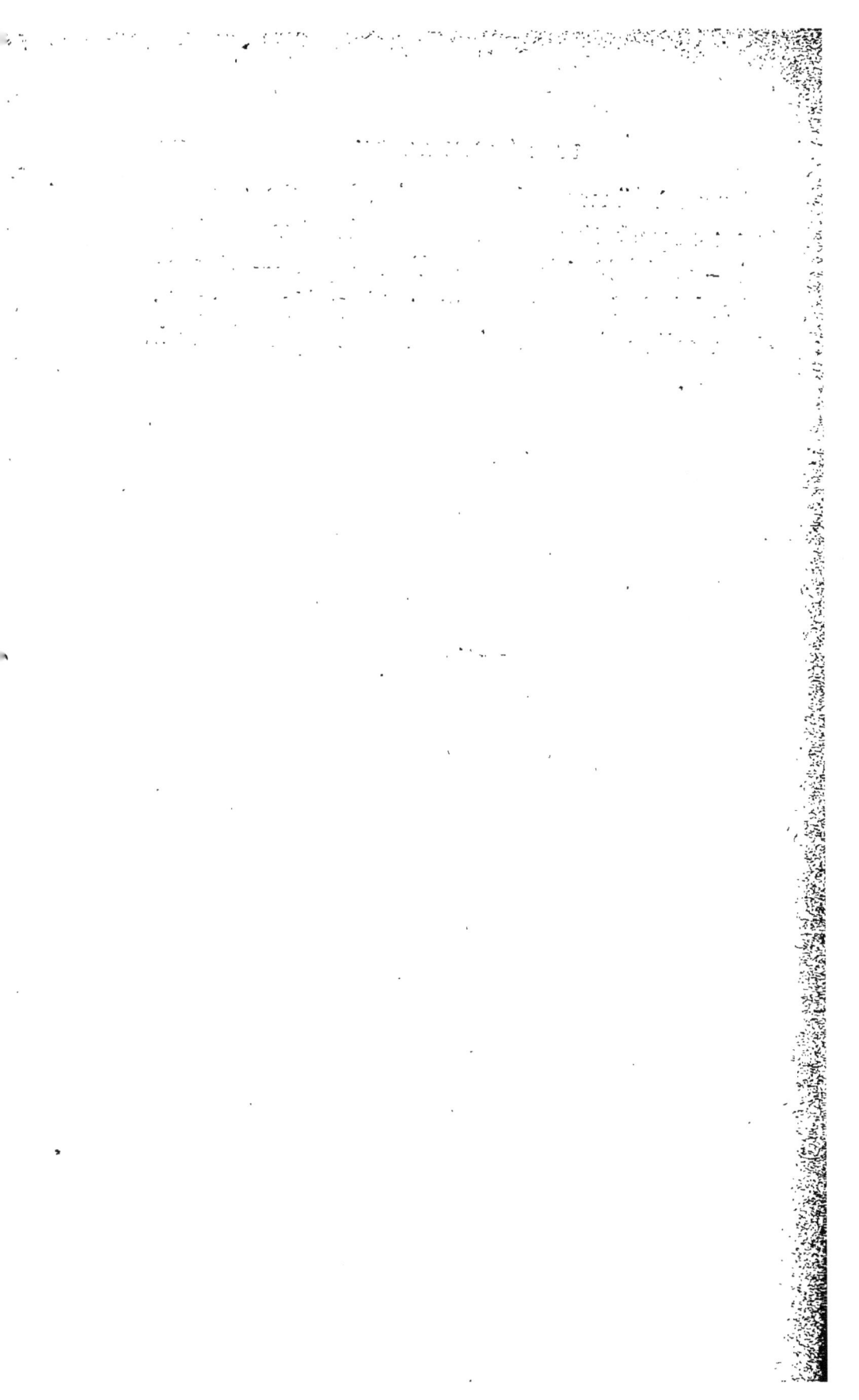

LA PRÉVOYANCE DU NÉNUFAR

Voulez-vous, cher lecteur, que nous profitions de cette chaude journée du mois d'août pour faire une promenade à l'étang? Il est, en ce moment, dans toute sa splendeur, et l'ardent soleil que nous venons d'affronter pour y parvenir nous fait trouver plus délicieuses encore l'ombre et la fraîcheur qui règnent sur ses bords.

Sautons dans la barque qu'un ami complaisant a cachée à notre intention au milieu des roseaux et des massettes, et dirigeons-nous vers ces *Nénufars* dont les énormes corolles égayent de taches blanches la surface de l'eau.

Un long crochet, couché dans le fond du canot, va nous permettre d'arracher une de ces plantes dont nous n'avons aperçu jusque-là — et seulement de loin — que les fleurs et les feuilles.

En fouillant la vase, le crochet vient d'éprouver une résistance, et en unissant nos efforts, nous amenons dans la barque, après un nettoyage préalable, une souche assez grosse qu'un examen superficiel nous ferait prendre pour une racine, mais qui est en réalité un rhizome, car elle porte les fleurs et les feuilles à l'extrémité de cordons ronds, mous, semblables, comme aspect, à des tubes de caoutchouc. Ces cordons, longs parfois de plusieurs mètres, s'allongent encore si les pluies sont abondantes jusqu'à ce qu'ils aient amené à l'air les organes qui les terminent.

Les feuilles flottantes, épaisses, arrondies et légèrement en cœur à la base, ne sont pas les seules et nous voyons, près de la souche, des rubans minces, translucides et légèrement ondulés ; ce sont des feuilles submergées. Nous avions déjà fait la même remarque, dans une excursion précédente, pour la Sagittaire et la Renoncule aquatique.

La fleur est digne de fixer notre attention. Ce lis des étangs — comme on l'a appelée — grand par rapport aux fleurs de nos climats, n'est qu'une fleurette si on le compare à celles de la *Victoria regia*, qui étalent sur les eaux de l'Amazone leur corolle d'un pied de diamètre.

La fleur du Nénuphar est formée d'un grand nombre de pièces disposées en spirales. Comme une fillette qui consulte la Marguerite, détachons-les successivement en commençant par un sépale entièrement vert. Le suivant, vert aussi, a son sommet blanc, et en continuant, nous trouvons des pièces dans lesquelles le blanc domine de plus en plus jusqu'à un pétale absolument blanc : arrachons les pétales en faisant toujours tourner la fleur dans le même sens, ils sont de plus en plus petits et bientôt nous voyons que l'un d'eux porte à sa pointe une petite anthère bien formée (*fig.* 27) ; dans le suivant, plus étroit, l'anthère est plus grosse et ses deux loges plus visibles ; nous arrivons enfin aux véritables étamines, nombreuses, entourant un gros ovaire à plusieurs loges, surmontées chacune d'un stigmate.

Nous connaissons maintenant la plante. Ses feuilles, de deux formes, nous montrent l'action qu'exerce, sur des organes analogues, le milieu dans lequel ils vivent ; sa fleur, avec ses sépales devenant peu à peu des pétales, et ses pétales se transformant insensiblement en étamines, confirme la célèbre théorie du poète allemand Gœthe, qui veut que toutes les parties de la fleur proviennent des feuilles par une métamorphose progressive.

Mais le Nénufar peut nous fournir d'autres enseignements et, tout en ramant, nous pouvons nous entretenir de ses mœurs, de ses habitudes, plus remarquables encore que sa structure.

Ses fleurs, formées depuis longtemps au sein des eaux, n'apparaissent que vers la fin de mai, quand les gelées matinales ne sont plus à craindre, et se flétrissent au commencement de l'automne.

Chaque soir, au moment où le soleil va disparaître, elles se ferment, rentrent dans l'eau pour échapper au froid de la nuit, et ne s'ouvrent que le lendemain matin vers sept heures.

Si le ciel se couvrait en ce moment, si un orage menaçait, si la pluie venait à tomber, vous les verriez fermer leurs pétales et disparaître.

Se cacher dans l'eau de peur de la pluie, voilà

qui nous rappelle un certain Gribouille dont la bêtise a fait la joie de notre enfance!

La fleur, pourtant, n'est pas si bête, elle s'enfonce dans l'eau et elle n'est pas mouillée.

Entendons-nous bien; son enveloppe extérieure l'est évidemment, mais ses parties centrales ne le sont pas, ce qui est l'important pour elle.

Par quel mécanisme? Il vous est facile de le voir, bien qu'en ce moment la pluie ne soit pas à craindre. Penchez-vous sur le bord du bateau et tirez sur le pédoncule de cette fleur largement épanouie de manière à la faire rentrer lentement sous l'eau : voyez comme déjà les pétales se rapprochent, s'appliquent les uns contre les autres (*fig.* 27). Continuez le mouvement de descente; la fleur forme maintenant une boule au sommet de laquelle de l'air est emprisonné, et plus vous l'enfoncerez, plus la pression de l'eau la maintiendra fermée.

Laissez-la remonter doucement; elle s'ouvre peu à peu, et vous voyez que pas la moindre goutte d'eau ne brille sur ses organes intérieurs.

Admirez la prévoyance de la fleur. Si elle restait à l'air — même fermée — sous la pluie, le poids des gouttes pourrait la faire ouvrir, les grains de pollen seraient en partie entraînés et ceux qui resteraient n'en vaudraient guère mieux; gonflés par l'humidité, leurs enveloppes éclateraient, et ils seraient incapables de développer le *tube pollinique* qui doit, en traversant le stigmate, aller transformer l'ovule en graine.

Fig. 27. — Comment on force se fermer une fleur de Nénufar.
Différentes parties de la fleur de Nénufar.

LA MAIN COLORÉE A DISTANCE PAR LE COLCHIQUE D'AUTOMNE

L'été a pris fin ; quelques feuilles jaunies se détachent des arbres et tournoient sous la brise déjà froide. Les unes après les autres, les fleurs se sont fanées sur leur tige; seuls, les *Colchiques* étalent encore, dans les prés humides, leur belle corolle d'un lilas pâle.

Cette fleur d'arrière-saison appartient à une famille botanique voisine de celle des Liliacées; elle sort directement d'un bulbe profondément enfoncé dans le sol, sans tige pour la soutenir, sans feuilles pour l'entourer. Son périanthe en entonnoir présente un tube très long et très mince, divisé en six parties à son sommet. Elle porte six étamines dont les anthères sont visibles, et un ovaire libre, à trois loges, terminé par un long style (*fig.* 28).

Dès le milieu de novembre, la corolle se flétrit, et l'ovaire se transforme en un fruit triangulaire supporté par une petite tige qui sort du sol au printemps. Vers la même époque, le bulbe forme des feuilles allongées qui auront disparu depuis longtemps quand pousseront les nouvelles fleurs.

Tel est le développement de cette plante ; elle ne

possède jamais à la fois tous ses organes, aussi les anciens l'avaient-ils nommée *filius ante pater* parce que ses fleurs naissent avant ses tiges.

Par différentes récréations, nous avons déjà montré qu'au moment de leur fécondation un grand nombre de plantes deviennent le siège de phénomènes très curieux ; dans certaines, les étamines ou les stigmates font de brusques mouvements ; dans d'autres, le pollen est violemment lancé ; la *Fraxinelle* s'entoure d'une essence inflammable, et le spadice de l'*Arum* devient brûlant ; le Colchique, bien que fleurissant à une époque tardive, présente des manifestations tout aussi remarquables.

Si dans une de vos promenades vous rencontrez cette fleur charmante, approchez-en la main, très près, mais sans y toucher. Presque immédiatement, et à votre grande surprise, vous verrez que vos doigts prennent la teinte verdâtre et livide du cadavre, et cette coloration persiste pendant quelques instants (*fig.* 28).

Vous ne réussirez que si la plante est en pleine floraison ; une heure après ce serait peine perdue ; mais comme les prés en sont couverts, il vous sera facile, si la première ne vous a rien donné, d'essayer sur un grand nombre de fleurs, et vous parviendrez certainement à faire teindre votre doigt.

Cette coloration mystérieuse est évidemment due à une matière gazeuse émise par les anthères au moment de la fécondation.

Fig. 28. — Les effluves du Colchique d'automne.
Détail de la plante.

Rappelons en terminant que le Colchique d'automne est une plante très vénéneuse et qu'il faut éviter avec soin de la laisser manier par les enfants. On a pu néanmoins l'utiliser en médecine; son bulbe pulvérisé entre dans la composition de différentes poudres employées contre les rhumatismes.

LA
DISSÉMINATION DES GRAINES

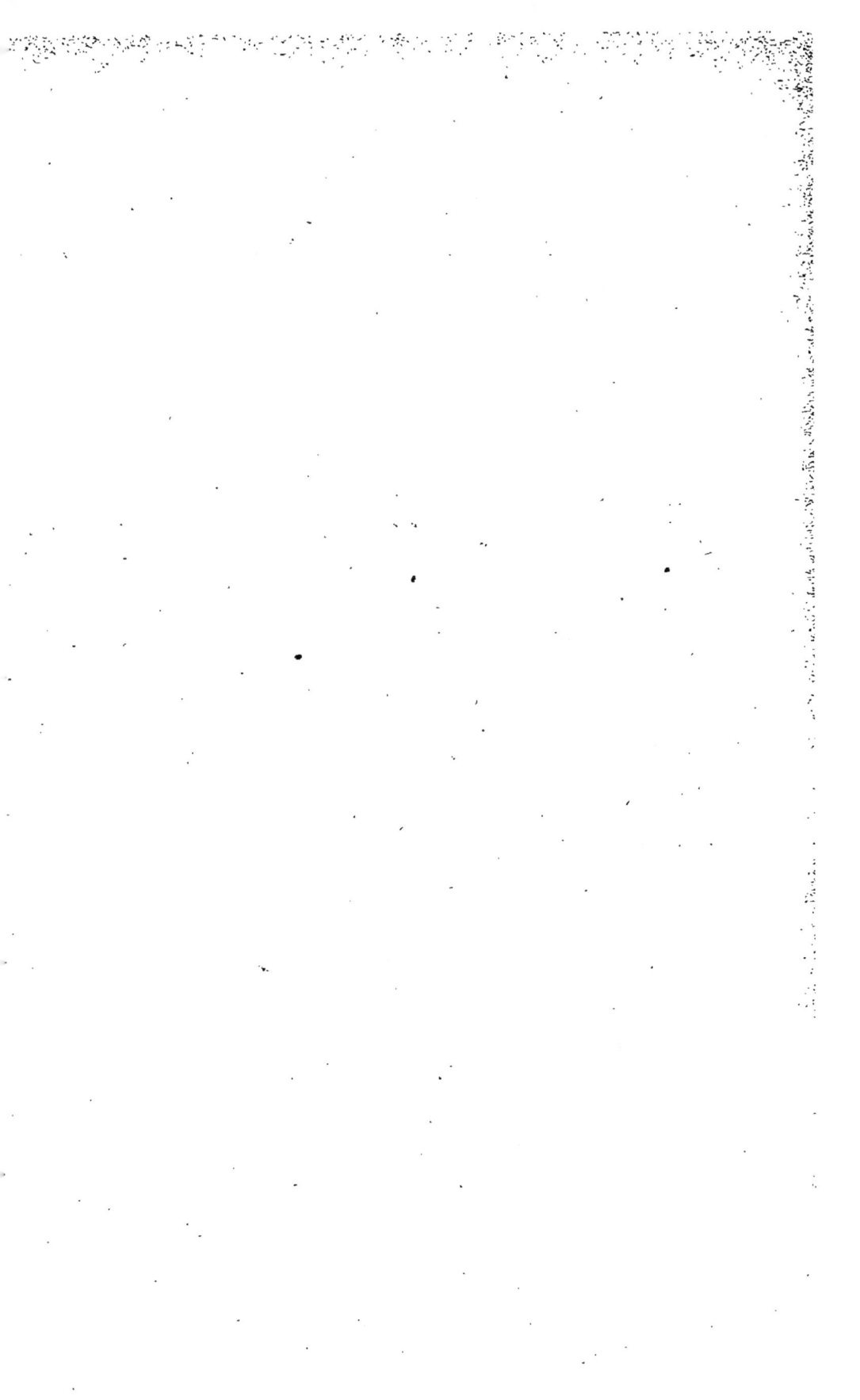

VIII

LA DISSÉMINATION DES GRAINES

LES FRUITS A CROCHETS

La *Bardane* est une plante peu gracieuse de la famille des Composées. Son port n'a rien de noble; ses feuilles larges, cotonneuses, naturellement ternes, sont recouvertes de toute la poussière du chemin et ses fleurs purpurines, à peine visibles, sortent, en juin, d'une boule ayant l'aspect peu confortable d'un artichaut minuscule dont chaque feuille serait terminée par un crochet recourbé.

D'ailleurs, pourquoi décrire cette plante? Lequel de nous, lorsqu'il était encore écolier, ne s'est amusé, comme le petit espiègle que représente notre gravure (*fig.* 29), à lancer sur les vêtements d'un camarade les boules à crochets de la Bardane?

Elles nous semblaient réellement avoir été faites pour se fixer, au moindre contact, sur le dos de l'ami distrait qui les transportait pendant toute la promenade, inattentif à nos regards moqueurs! Cette opinion fantaisiste n'était pourtant pas si éloignée de la vérité.

Pour empêcher les graines de tomber toutes sur un même point du sol, où elles s'étoufferaient, la nature a pourvu les plantes de merveilleux appareils.

Les unes, dont le fruit se transforme en une sorte de catapulte, lancent violemment leurs graines dans toutes les directions et, bien souvent, cette projection se produit au moment le plus favorable à leur germination ; les autres ont des fruits porteurs d'ailes ou d'aigrettes qui se dispersent au moindre souffle de vent ; certaines, n'ayant pas d'ailes, empruntent celles des oiseaux : leurs fruits brillants, parés de vives couleurs, agréables au goût, sont un régal pour les oiseaux, mais la graine, trop dure pour leur tube digestif, en sort intacte et va germer loin de la plante qui l'a produite ; d'autres enfin munissent de crochets, d'aiguillons, leurs fruits, qui s'attachent à la toison des animaux qui les frôlent, et sont ainsi transportés à des distances considérables.

Ces fruits à aiguillons, comme ceux de la Bardane (1, *fig*. 29), méritent donc bien le nom de *zoophiles*, qui leur a été donné.

Tant que la Bardane est en fleur, ses capitules arrondis tiennent solidement à la tige, et il faut la main malicieuse d'un enfant pour les en arracher, mais à l'automne, quand les graines sont mûres, le

Fig. 29. — L'enfant lance sur les vêtements de son camarade
les boules à crochets de la Bardane *(page 195)*.

1. Fruit de la Bardane. — 2. Fruit de l'Aigremoine.
3. Fruit de la Benoite. — 4. Fruit du Gaillet-Gratteron.
5. Fruit de la Carotte sauvage.

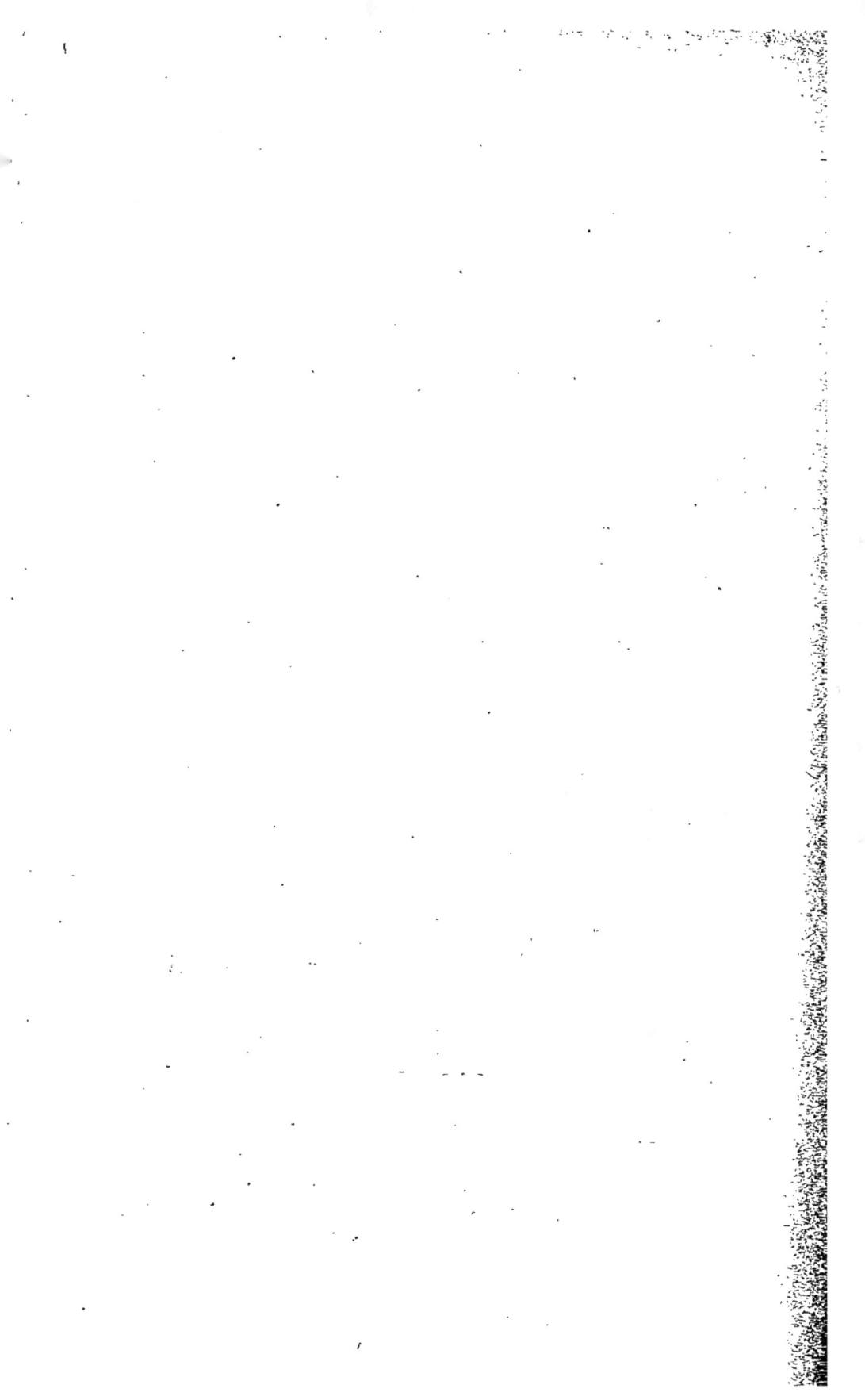

capitule desséché se détache au moindre contact et harponne au passage les poils du chien et la laine du mouton.

L'homme lui-même est employé à ce transport. Il vous est certainement arrivé d'avoir, au sortir d'un fourré, le bas de votre pantalon recouvert des petits fruits à aiguillons du *Gaillet - Gratteron* (4, *fig.* 29), si commun sur la bordure des bois. Vous les avez soigneusement enlevés avant de continuer votre promenade, mais bientôt, impatienté — car ils étaient nombreux — vous les avez jetés avec rage à droite et à gauche, c'est-à-dire que vous les avez placés dans d'excellentes conditions pour qu'ils puissent se développer l'année suivante et gêner d'autres promeneurs.

Dans le Gratteron, les tiges et les feuilles sont aussi munies de petits aiguillons qui établissent d'abord un contact forcé avec le vêtement, la tige cède bientôt, mais son étreinte perfide a permis aux fruits de s'accrocher.

Les fruits de la *Benoite* (3, *fig.* 29), de l'*Aigremoine* (2, *fig.* 29), de la *Circée*, de certains *Myosotis*, de la *Carotte sauvage* (5, *fig.* 29), et d'autres Ombellifères voisines, comme les *Caucalis* et les *Torilis*, les fruits contournés du *Sainfoin* et de la *Luzerne*, se font ainsi transporter.

Et si vous croyez que c'est là un simple hasard et non une disposition voulue, préméditée, jetez un coup d'œil sur cette liste bien incomplète de plantes à fruits zoophiles. Vous verrez qu'elle ne contient pas une seule plante aquatique et que, parmi les plantes terrestres énumérées, aucune ne dépasse guère un mètre, c'est-à-dire la hauteur des animaux qui sont chargés de transporter leurs fruits.

LES BRUITS DE LA FORÊT

Il faut être bien insensible, ou bien cuirassé par une longue habitude, pour résister aux émotions que font naître en nous les spectacles variés de la forêt, ses bruits, sa mystérieuse profondeur.

Chaque partie de la forêt produit sur nous des impressions différentes. Les taillis, avec leur fouillis de branches et de feuilles masquant l'horizon, nous donnent l'illusion d'un océan de verdure dans lequel nous serions perdus, mais où le soleil vient nous apporter sa gaîté; sous les arceaux élevés d'une vieille futaie de hêtres et de chênes, nous sommes pénétrés par une délicieuse fraîcheur, et une impression de tristesse nous saisit au milieu des hautes colonnes des sapins, disposées comme les piliers d'un temple — le temple de la nature.

Dans nos climats, la forêt est animée par de nombreux oiseaux, suivant l'heure et la saison, le rossignol y lance ses notes éclatantes; le geai, son cri rauque, le pic y fait entendre le bruit régulier de son bec frappant contre l'écorce rude, tandis que les insectes, cachés dans l'herbe, joignent leur doux murmure à ce concert.

Sous l'action du vent, les Sapins chantent une véritable mélodie; les Graminées font entendre des sifflements aigus et les feuilles des arbres, secouées les unes contre les autres, imitent le bruit d'une cascade ou de la mer qui vient se briser contre les rochers. A l'automne, les corolles desséchées de la *Bruyère*, agitées par les brises déjà froides, sont autant de petits grelots dont le triste carillon annonce la fin des beaux jours.

Mais la forêt a aussi ses bruits imprévus qui font tressaillir le promeneur isolé.

En été, parmi les craquements des branches mortes que la chaleur fait se fendiller, il n'est pas rare d'entendre, dans les clairières, le bruit sec des gousses de *Genêt*, brusquement ouvertes, qui s'entortillent en projetant leurs graines.

Ces gousses, comme la plupart des fruits à valves, sont douées de propriétés hygroscopiques ; la sécheresse les fait s'ouvrir; l'humidité, se refermer. Elles sont formées de plusieurs couches ligneuses superposées, dont les fibres croisées se contractent inégalement par la sécheresse, se contournent et déterminent l'ouverture du fruit, quelquefois avec violence, si un obstacle s'opposait à leur flexion.

Le bruit produit par les gousses du Genêt est insignifiant, en comparaison de celui que détermine l'ouverture du fruit d'un arbre de l'Amérique, le *Sablier élastique* (*Hura crepitans*).

Ce fruit, dont l'apparence est assez celle d'une

Fig. 30. — Explosion des fruits du Baguenaudier.
Détail du fruit du Baguenaudier, coupé pour montrer les graines.

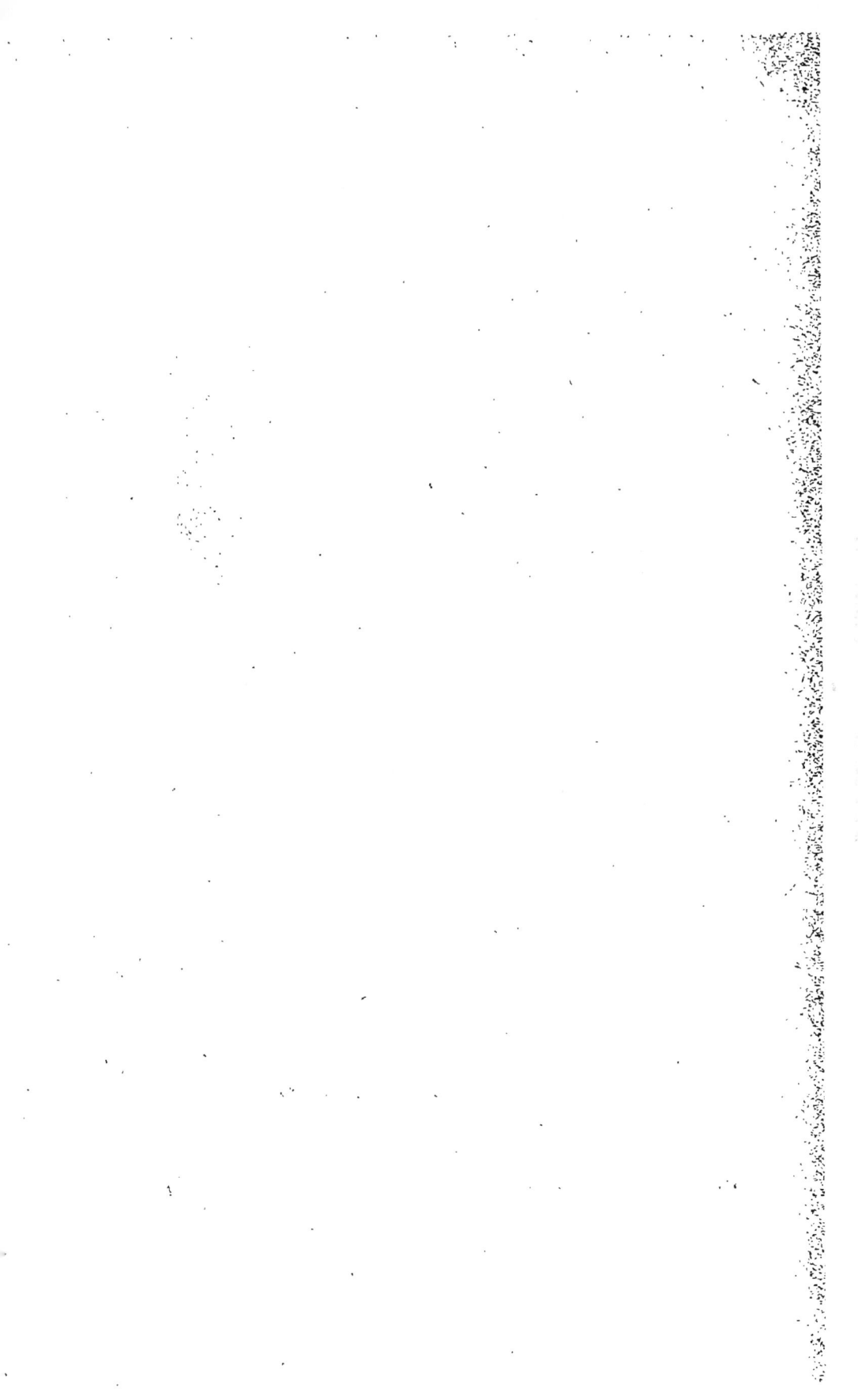

tomate (*fig.* 31), est formé de douze à dix-huit co-
ques ligneuses, très dures, qu'il lance au loin avec
les graines à l'époque de sa maturité, en produisant un bruit qui, au dire des voyageurs, est aussi
fort que la détonation d'un pistolet.

Dans nos bois, c'est la gousse renflée du *Baguenaudier* qui remplace
parfois le Sablier élas-
tique, quand une bran-
che, poussée par le vent,
vient briser sa mince
enveloppe et la faire
éclater avec un bruit
formidable.

Fig. 31. — Fruit du Sablier
élastisque.

Les enfants connais-
sent bien le Baguenaudier, ils recherchent ses
fruits volumineux et se font une joie de les écraser
entre leurs mains comme un sac en papier qu'on a
gonflé d'air (*fig.* 30).

Aux approches de l'hiver, la forêt se remplit de
nouveaux bruits. Les fruits des Érables, des Or-
meaux, des Tilleuls, voltigent avec des frémisse-
ments d'ailes; dans leur chute, les glands, les châ-
taignes, les pommes de Pin frôlent des branches et
font craquer le bois mort; les feuilles jaunies se
détachent et tombent avec un bruit régulier, mono-
tone, dont la répétition fait naître en nous une vague
tristesse et comme un regret de la belle saison dis-
parue.

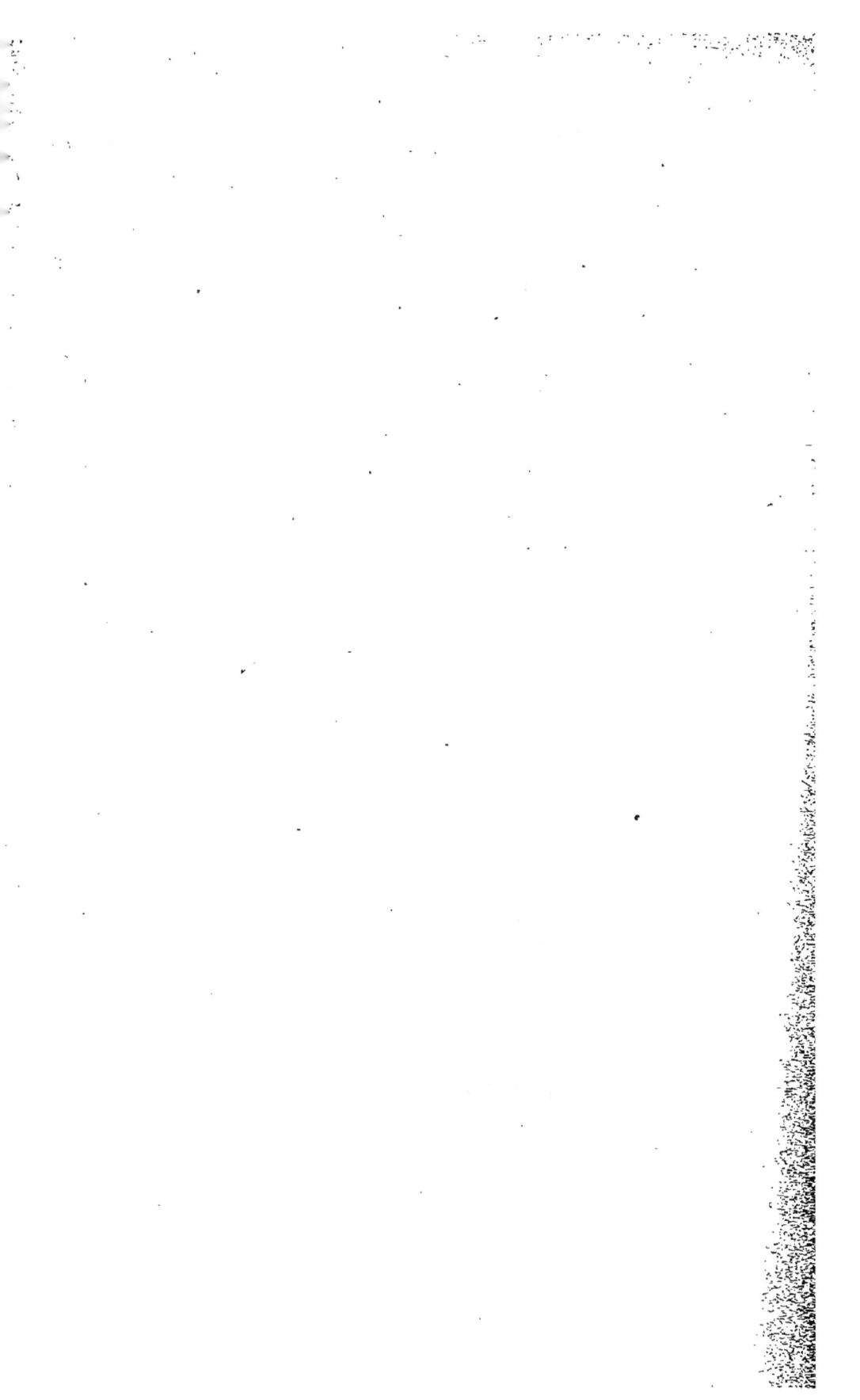

. LES CRACHE-FIGURE

Pendant les vacances dernières, je me trouvais dans une île de l'Océan d'où l'on aperçoit à la fois les côtes de la Vendée et de l'Aunis; la vigne y croît à côté de monceaux de sel arrondis qui brillent au soleil, les maisons y sont éclatantes de blancheur, les gens vont pieds nus et les ânes portent des culottes pour se préserver de la piqûre des mouches. Si ces renseignements ne vous suffisent pas, c'est à désespérer de la géographie.

J'étais là chez des parents et, le jour de mon arrivée, en compagnie de quelques personnes et notamment de certaine jeune cousine fort malicieuse, on alla faire un tour de jardin, distraction toujours agréable.

Après avoir admiré les arbres à fruits, la pièce d'eau et une superbe collection de Pelargonium, j'aperçus tout à coup un carré de plantes basses, munies de vrilles, aux fruits semblables à de petits concombres. Je reconnus de suite ces plantes à la description que j'en avais lue et j'allais m'écrier : « Vous avez donc des *Ecballium?* » quand je reçus en plein visage un jet violent de liquide (*fig.* 32) en même temps que retentissaient à mes côtés de joyeux éclats de rire.

C'était la petite cousine dont le pied, encore levé, allait frapper de nouveau un des fruits à forme de concombre.

— Ah! ah! lui dis-je, un peu revenu de ma surprise, tu voudrais encore me rafraîchir. Dis-moi donc plutôt comment tu appelles ces plantes?

— Les gens du pays les appellent des *Crache-figure* et vous voyez que ce nom est bien mérité.

— J'en suis convaincu, fis-je, en m'essuyant le visage.

Et voilà pourquoi, si vous voulez bien le permettre, j'intitulerai ce chapitre : les *Crache-figure*.

L'*Ecballium elaterium*, qu'on appelle aussi *Concombre sauvage*, est une plante vivace qui croît spontanément dans le midi de la France, mais qu'on cultive souvent par curiosité, à cause de ses fruits. Elle appartient à la famille des Cucurbitacées. Ses tiges sont tombantes, ses feuilles en cœur sont épaisses, hérissées de poils raides un peu glauques, et portées par un long pétiole. En juin, elle se couvre de fleurs d'un jaune pâle, les unes, groupées, à étamines; les autres, solitaires, à pistil qui se transforme en un fruit oblong, penché, d'une amertume extrême, assez semblable à un concombre, mais recouvert de poils rudes.

Ce fruit est attaché à un pédoncule recourbé en forme de crosse d'évêque et de telle sorte que son point d'attache est tourné vers le haut. A mesure qu'il mûrit, sa chair se transforme en un liquide

Fig. 32. — Je reçus en plein visage un jet violent de liquide...
(Page 207).
Dissémination des graines de l'*Ecballium elaterium*.

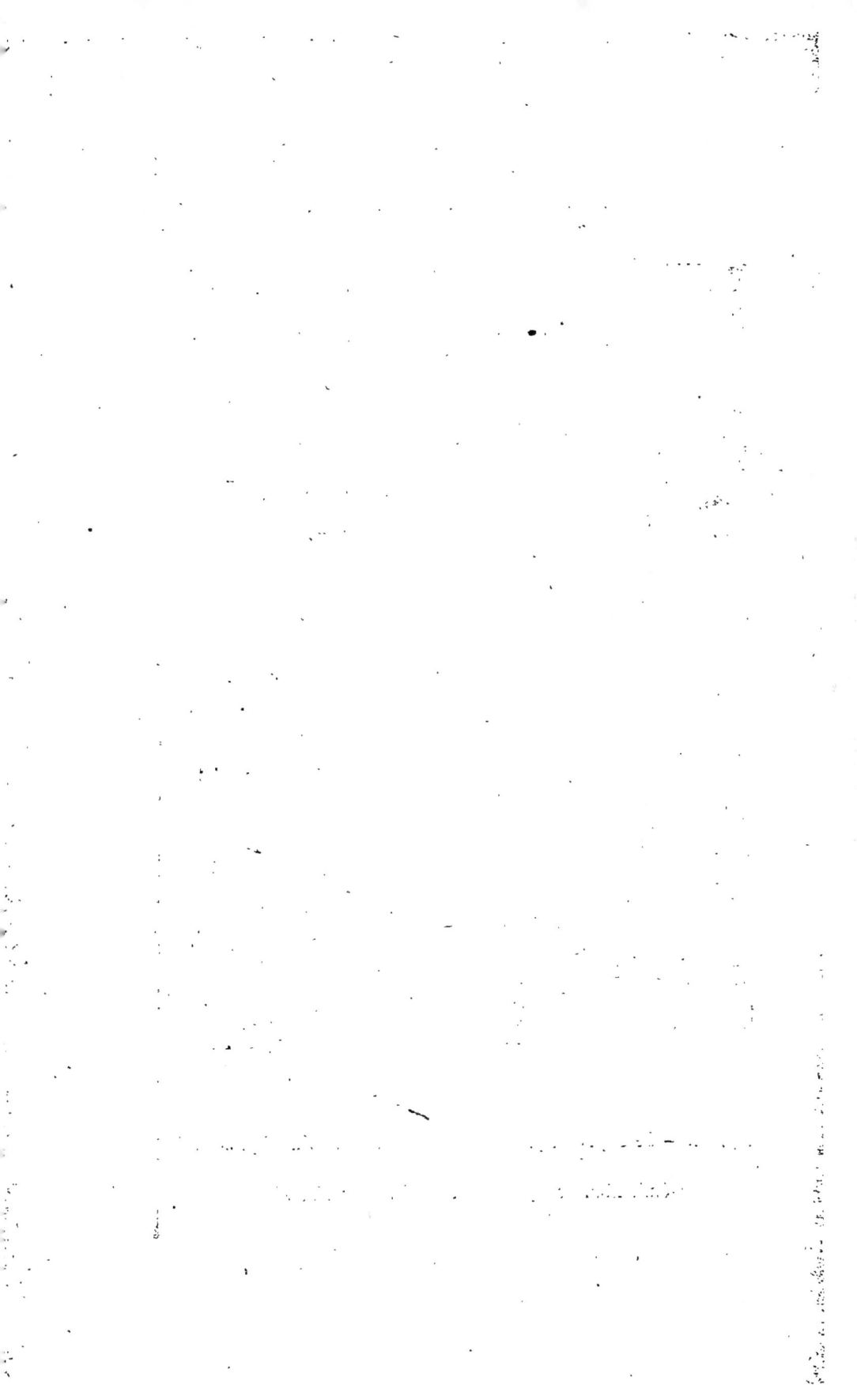

dans lequel nagent les graines. Ce liquide, comprimé
par la paroi élastique du fruit, presse de plus en plus
sur la base du pédoncule, finit par la rejeter au
dehors et le fruit, désarticulé, percé brusquement
d'une ouverture, lance en tombant sa pulpe liquide

Fig. 33. —Fruit de la
Balsamine des jardins.

Fig. 34. — Fruit de *Vicia* avant
et après la dissémination des graines.

et ses graines, avec un bruit tout particulier (*fig.* 32).

Généralement, cette séparation du fruit d'avec son
pédoncule se produit spontanément à la maturité,
mais la moindre agitation, un coup de vent — un
coup de pied même, comme vous l'avez vu — suffisent pour déterminer l'explosion de quelques-uns de
ces petits concombres.

Le *Sablier élastique*, dont nous parlions plus haut
(*fig.* 31), est aussi un crache-figure, devant lequel il
ne ferait pas bon se trouver au moment de son explosion. Pour le conserver dans les collections, on est

forcé de le cercler de fil de fer, et encore parfois il le rompt et brise les vitrines.

La *Balsamine des jardins*, cultivée pour la beauté de ses fleurs, possède un fruit très irritable. Dès qu'on le touche, à sa maturité, il se partage brusque-

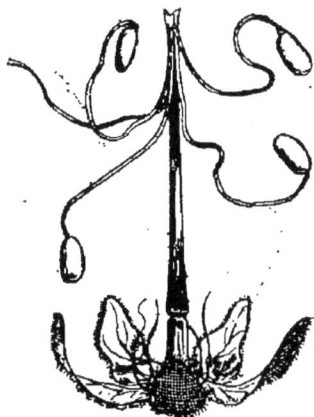

Fig. 35.
Fruit de Geranium.

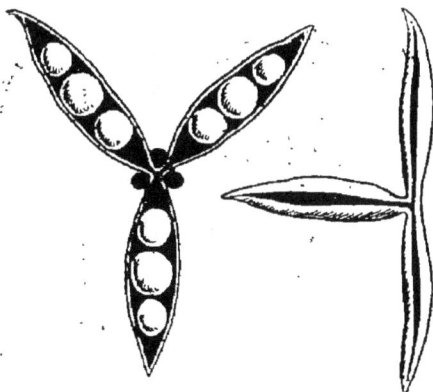

Fig. 36. — Fruit de la Violette
avant et après la dissémination des graines

ment en cinq valves qui se tordent sur elles-mêmes en projetant leurs graines (*fig.* 33). La *Balsamine sauvage*, qui fleurit de juin à septembre dans les bois humides, doit à cette propriété de ses fruits son nom d'*Impatiente*, *n'y touchez pas* (*Impatiens noli tangere*).

Par un mécanisme analogue, les gousses des *Genêts* et des *Vicia* (*fig.* 34), les capsules des *Geranium* de nos champs et de nos bois (*fig.* 35), se contournent brusquement et lancent leurs semences jusqu'à sept mètres de distance.

Enfin, la *Pensée*, les *Violettes* (*fig.* 36), ont pour fruit une capsule qui, lorsqu'elle est mûre, se partage en trois valves creusées en nacelle. En se desséchant, les bords de ces valves se rapprochent et pressent sur les graines qu'elles expulsent violemment, comme ces noyaux de cerise qu'un enfant chasse par une compression énergique entre le pouce et l'index.

Nous retrouvons là les marques de cette merveilleuse prévoyance de la nature que nous avons eu, souvent déjà, l'occasion de constater.

Dans les familles où les enfants sont plus abondants que les écus, si le pays est dénué de ressources, le père les éloigne, après les avoir pourvus d'un petit pécule pour que chacun puisse trouver plus aisément à vivre de son travail. La plante agit de même; après avoir muni chaque graine d'une petite réserve d'aliments, elle les disperse pour que chacune puisse trouver sa part de nourriture dans une portion du sol encore inoccupée.

Vous connaissez maintenant les Crache-figure; vous voyez que ce sont d'admirables instruments de dissémination. Je ne vous engage cependant pas à les regarder de trop près quand viendra le mois d'août, si vous êtes en compagnie d'une cousine malicieuse et si vous craignez un accroc à votre dignité.

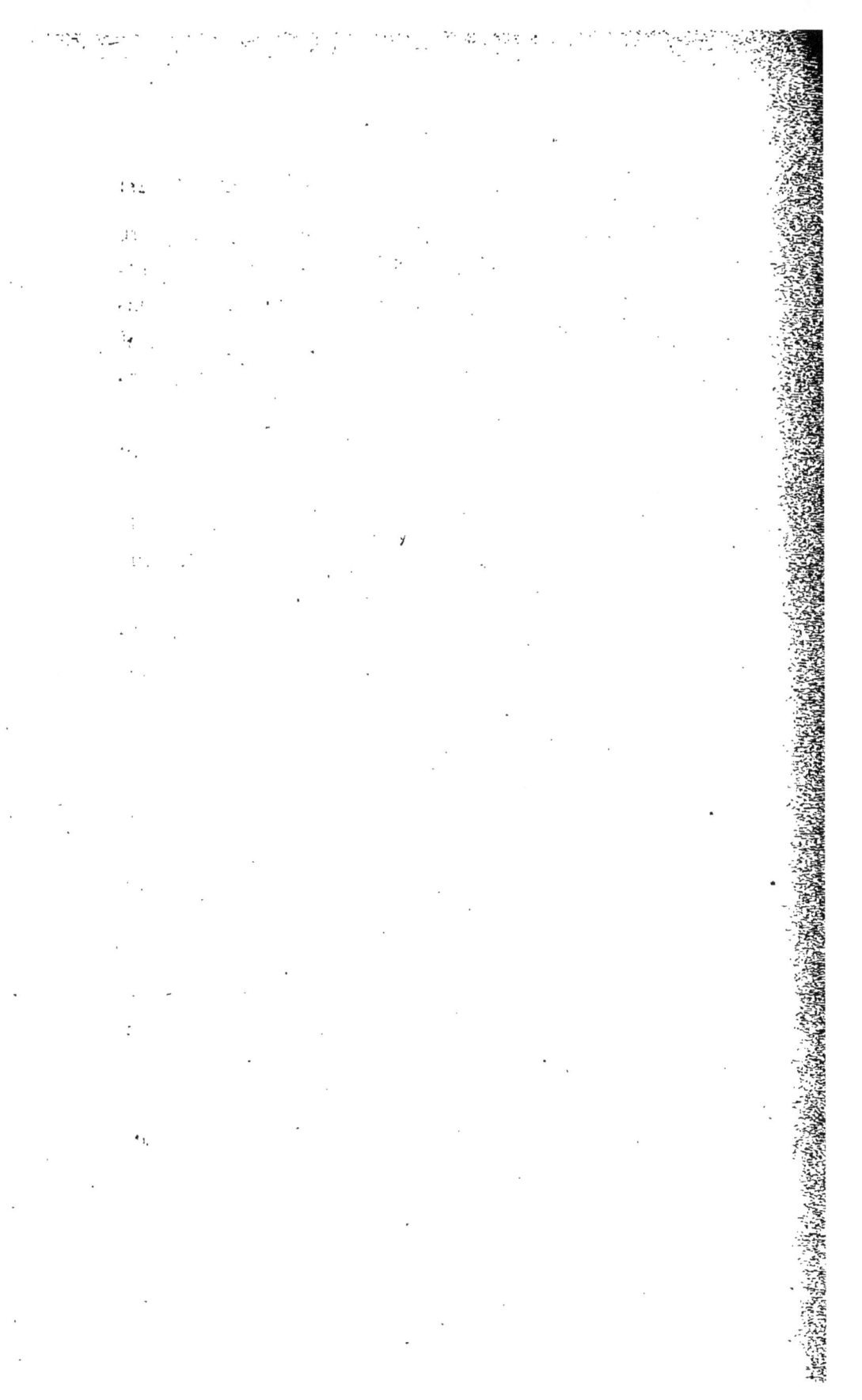

CONSIDÉRATIONS SUR LES AILES
D'UN MOULIN A VENT

Tous les Érables, depuis l'*Érable de Montpellier*, qu'on emploie pour clôturer les propriétés, jusqu'aux grands *Sycomores*, orgueil des vieux parcs, ont des fruits d'une forme remarquable qui permettent de les reconnaître entre tous les autres arbres. Ces fruits sont formés par la réunion de deux graines dont chacune est entourée par un péricarpe prolongé en une lame aplatie (1, *fig.* 37).

Vous connaissez certainement ces *Samares*, comme les appellent les botanistes, vous avez été frappé par leurs allures d'oiseau quand leurs deux grandes ailes plus ou moins recourbées tournoient sous la brise ; peut-être même, quand vous étiez écolier, vous ont-elles procuré quelques heures de retenue, si vous n'avez pas su résister à la tentation de les mettre à cheval sur votre nez, pendant la classe, pour simuler un binocle destiné à combattre une soudaine myopie.

En cherchant bien loin dans vos souvenirs, vous trouveriez sans doute aussi que les samares de l'Érable ont joué un rôle important pour la confection de quelque moulin à vent sans prétentions, inventé pour charmer les ennuis d'une étude, à votre gré, trop longue.

Il était d'ailleurs si facile à fabriquer, ce moulin !
Il suffisait de choisir parmi toutes celles qui jon-
chaient la cour, deux belles samares aux larges ailes;
l'une, séparée entièrement de son pédoncule, était
collée à angle droit entre les deux graines écartées de
l'autre, pourvue d'un fragment de tige. Un morceau
de papier plusieurs fois replié sans raideur, était passé
dans cette tige ; au-dessous un petit rond de liège for-
mait écrou ; enfin une épingle traversait le papier et
venait se piquer sur une règle (*fig.* 37). C'était tout ;
une bonne bouffée d'air lancée à joues gonflées, et le
moulin tournait, tournait..... jusqu'au moment où
une punition venait suspendre le souffle de son inventeur.

Ce n'est pas, d'ailleurs, sans intention que la nature
a pourvu d'ailes les fruits des Érables et de beaucoup
d'autres plantes. Supposez que toutes les graines produites en une saison par un de ces arbres tombent à
son pied, comme le font les fruits du Chêne ; elles
s'étoufferaient réciproquement et celles qui germe-
raient ne pousseraient pas loin leur développement
dans un sol déjà envahi par des racines vigoureuses et
dans une atmosphère obscurcie par une forêt de feuilles. Mais le vent fait tourner leurs ailes et, suivant sa
force, les entraîne plus ou moins loin. Ainsi a lieu
leur dissémination.

Les fruits de l'*Orme*, du *Bouleau* (2, *fig.* 37), du
Frêne, de l'*Ailante,* sont munis également d'appen-
dices aplatis sur lesquels le vent a beaucoup de prise :

Fig. 37. — Un moulin à vent sans prétentions.
1. Samare de l'Érable. — 2. Fruit du Bouleau. — 3. Fruit du Pissenlit.

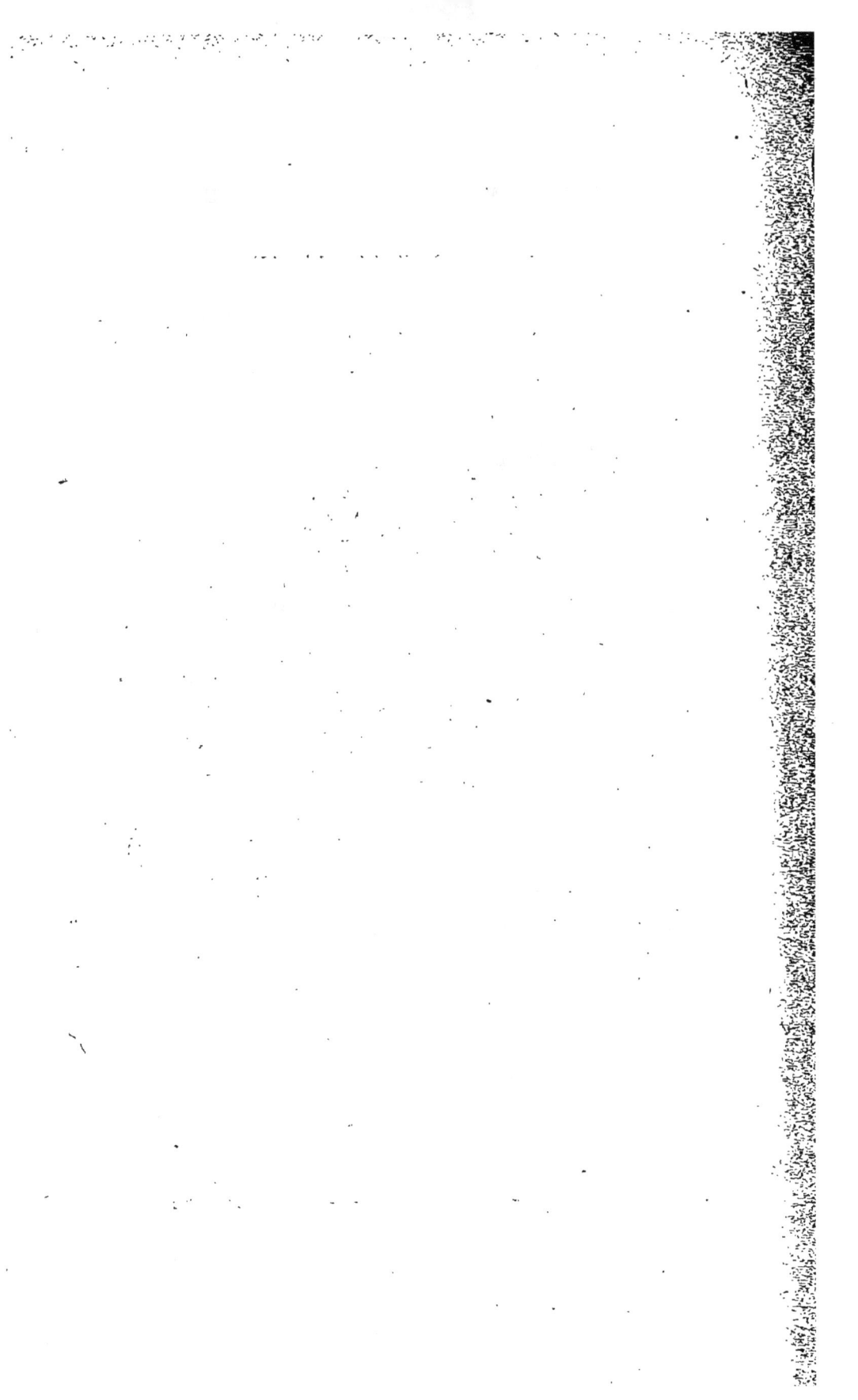

et les bractées du *Tilleul* et du *Charme* jouent le même rôle.

Les fruits plats et légers des *Lunaires*, des *Alyssons* et d'un grand nombre de Crucifères se dispersent de la même manière, ainsi que les fruits soyeux des *Saules* et des *Peupliers* qui, dès la fin de mai, couvrent le sol d'un épais duvet.

Mais les ailes des samares sont des organes bien lourds à côté des délicates aigrettes, des gracieux panaches qui surmontent les fruits des *Clématites*, de la *Linaigrette*, de l'*Anémone pulsatille*, du *Dompte-venin*, des *Épilobes* et de presque toutes les Composées, blancs filaments que l'on voit filer comme des flèches au moindre souffle de vent.

Dans le *Salsifis des prés*, dans le *Pissenlit* (3, *fig.* 37), cette aigrette, dont les poils sont disposés comme les baleines d'un charmant petit parapluie, est située au sommet d'une épine assez longue qui, elle-même, surmonte le fruit. Le poids de la graine leste cette sorte de parachute qui se maintient toujours vertical pendant les traversées, à fortunes diverses, que lui fait accomplir la brise.

Vient-il à tomber sur le sol, après une pluie violente qui a tout détrempé, ses poils soyeux se recouvrent de fange, se flétrissent et désormais fixée, la graine germe, oiseau auquel on a coupé les ailes.

Le fruit léger tombe-t-il à la surface de l'eau, ses poils mouillés se rapprochent les uns des autres, emprisonnent une petite bulle d'air qui va jouer le rôle de flotteur jusqu'au moment où le vent le dépose sur la rive. Là, l'humidité aidant, la graine ne tarde pas à prendre racine.

Vous voyez que toutes les précautions sont bien prises pour que les semences ne soient pas perdues. Les fruits à crochets, les fruits à dissémination mécanique, nous avaient déjà montré des exemples tout aussi admirables d'une prévoyance que rien ne peut mettre en défaut.

————◆◆◆————

COLORATION COMPARÉE DES FLEURS
ET DES FRUITS

Vous êtes-vous jamais inquiété de savoir quelle était la plus commune parmi toutes les nuances dont sont colorées les fleurs de nos champs et de nos bois ? Si oui, vous avez certainement reconnu bien vite que le blanc est la couleur la plus répandue.

Mais quelle est ensuite la couleur la plus commune ? Là, l'embarras commence, les uns disent le jaune ; d'autres, le rose ; il n'en est rien : c'est le vert.

Au surplus, voici comment se répartissent, au point de vue de la couleur, 1 203 plantes qui forment la plus grande partie de la flore des environs de Paris ; 319 espèces ont des fleurs blanches ; 312 les ont d'un vert plus ou moins foncé ; il y en a 262 jaunes, 144 roses, 70 bleues, 51 violettes, 39 rouges ou rougeâtres, 6 écarlates ; aucune n'est noire.

Il faut d'ailleurs ajouter qu'un tel classement est fort difficile pour beaucoup de plantes qui se présentent à nous sous des couleurs variables. Le *Mouron rouge* ne se gêne pas pour être bleu ou blanc ; la *Polygale*, le *Pied d'Alouette*, etc., sont indifféremment blancs, roses, violets ou bleus ; les plantes d'une même espèce sont parfois blanches, parfois rosées; enfin un certain nombre sont revêtues à la fois de nuances multiples parmi lesquelles il est difficile de déterminer celle qui domine; mais ces réserves faites, l'ensemble de la statistique n'en demeure pas moins net.

Veut-on savoir maintenant comment les couleurs se répartissent dans les principales familles? Le vert est la couleur presque exclusive des fleurs des Graminées, des Cypéracées, des Euphorbes et d'un grand nombre d'arbres; le blanc est celle des Ombellifères et des Liliacées; le jaune domine chez les Composées. Les Renonculacées et les Crucifères sont partagées entre le blanc et le jaune; les Caryophyllées sont blanches ou rosées; les Rosacées, blanches, roses ou jaunes; les Papillionacées jaunes, roses, blanches ou bleues; le rouge et le rose dominent chez les Labiées et le bleu plus ou moins pur chez les Borraginées.

Proposons-nous de faire la même recherche pour la couleur des fruits charnus, laissant de côté les fruits secs : capsules, gousses, siliques, etc., chez lesquels la couleur jaunâtre ou verdâtre est la règle.

Nous constaterons d'abord que le blanc, très commun parmi les fleurs, est fort rare parmi les fruits; il n'y a que les baies du *Gui* qui soient ainsi colorées. La *Symphorine*, qu'on trouve dans tous les jardins et à laquelle ses fruits blancs ont fait donner le nom de *Boule-de-cire*, ne doit pas entrer en ligne de compte, car c'est une plante exotique; elle est originaire de l'Amérique du Nord.

Le vert est très rare également parmi les fruits charnus ; on peut citer cependant ceux du *Groseillier épineux*.

Le jaune franc, très commun parmi les fleurs, est rare parmi les fruits, à peine le trouve-t-on chez quelques pommes sauvages.

Des fleurs bleues, assez nombreuses cependant, aucune ne donne un fruit succulent ; il n'existe pas d'ailleurs de fruits nettement bleus.

Le rouge, rare chez les fleurs, est la couleur de près de la moitié des fruits charnus. Les fruits de l'*Aubépine*, du *Sorbier* (*fig.* 38), du *Cerisier*, de la *Douce-Amère*, de la *Bryone*, du *Houx* (**2**, *fig.* 38), du *Chèvrefeuille*, du *Fusain* (**4**, *fig.* 38), du *Framboisier*, de l'*Épine-vinette*, du *Tamier*, etc., etc., les pseudo-fruits du *Rosier* (**1**, *fig.* 38) et du *Fraisier* sont d'un rouge plus ou moins vif.

Aucune fleur n'est complètement noire ; c'est à peine si l'on trouve des taches noires à la base des pétales du *Pavot hybride*, assez commun dans nos moissons ; au contraire le noir est très commun parmi les fruits ; il suffit de citer les *mûres* (**3**, *fig.* 38), les *prunelles*, les baies du *Sureau*, du *Lierre*, du *Troène*, du *Genévrier*, de la *Parisette*, de la *Belladone* (**5**, *fig.* 38), etc.

On voit donc que le contraste est aussi complet que possible entre la couleur des fruits et celle des fleurs ; on a dit, avec plus ou moins de raison, pour expliquer ce contraste, que la plante doit s'adapter dans le

cours de l'année à deux sens esthétiques différents ;
d'abord, celui des insectes, nécessaires à sa fécondation ; ensuite, celui des oiseaux, nécessaires à la dissémination des graines.

Quoi qu'il en soit, bornons-nous à faire remarquer
que tous les fruits munis d'ailes ou de crochets, tous
ceux qui sont assez légers pour être transportés par
le vent, sont ternes et peu apparents ; au contraire,
les fruits charnus, qui ne peuvent être disséminés que
par les oiseaux, sont brillants et revêtus de vives couleurs qui les rendent visibles de fort loin.

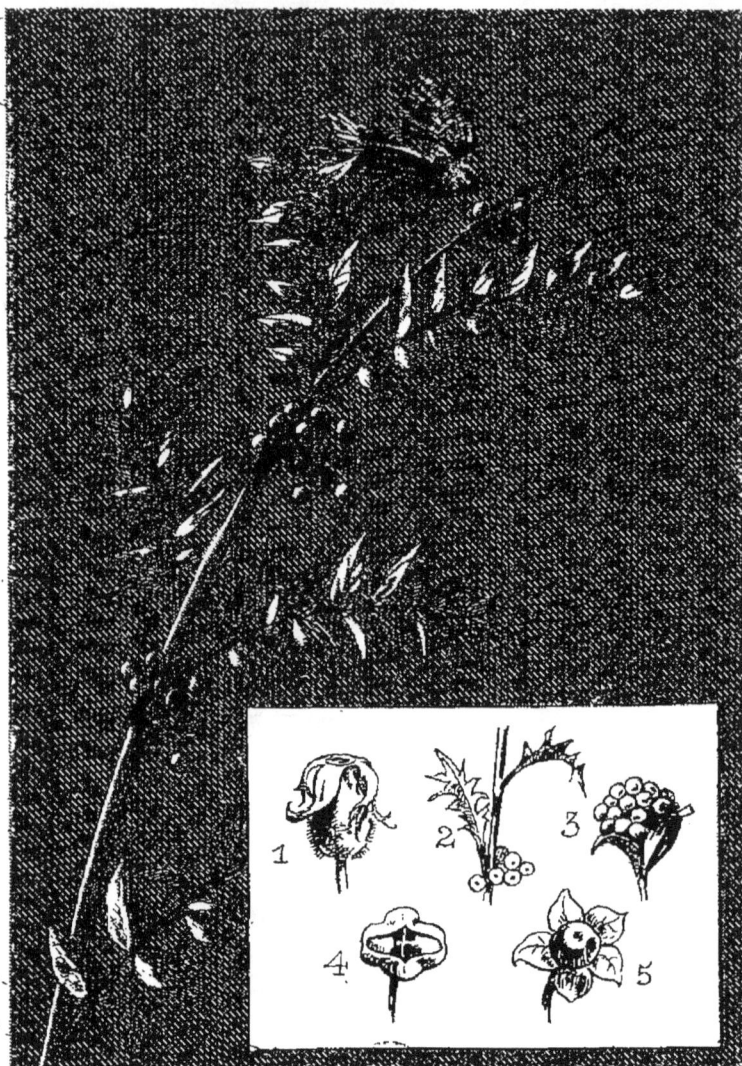

Fig. 38. — Le Sorbier des oiseaux.

1. Fruit de la Rose. — 2. Du Houx. — 3. De la Ronce.
4. Du Fusain. — 5. De la Belladone.

LA CRYPTOGAMIE

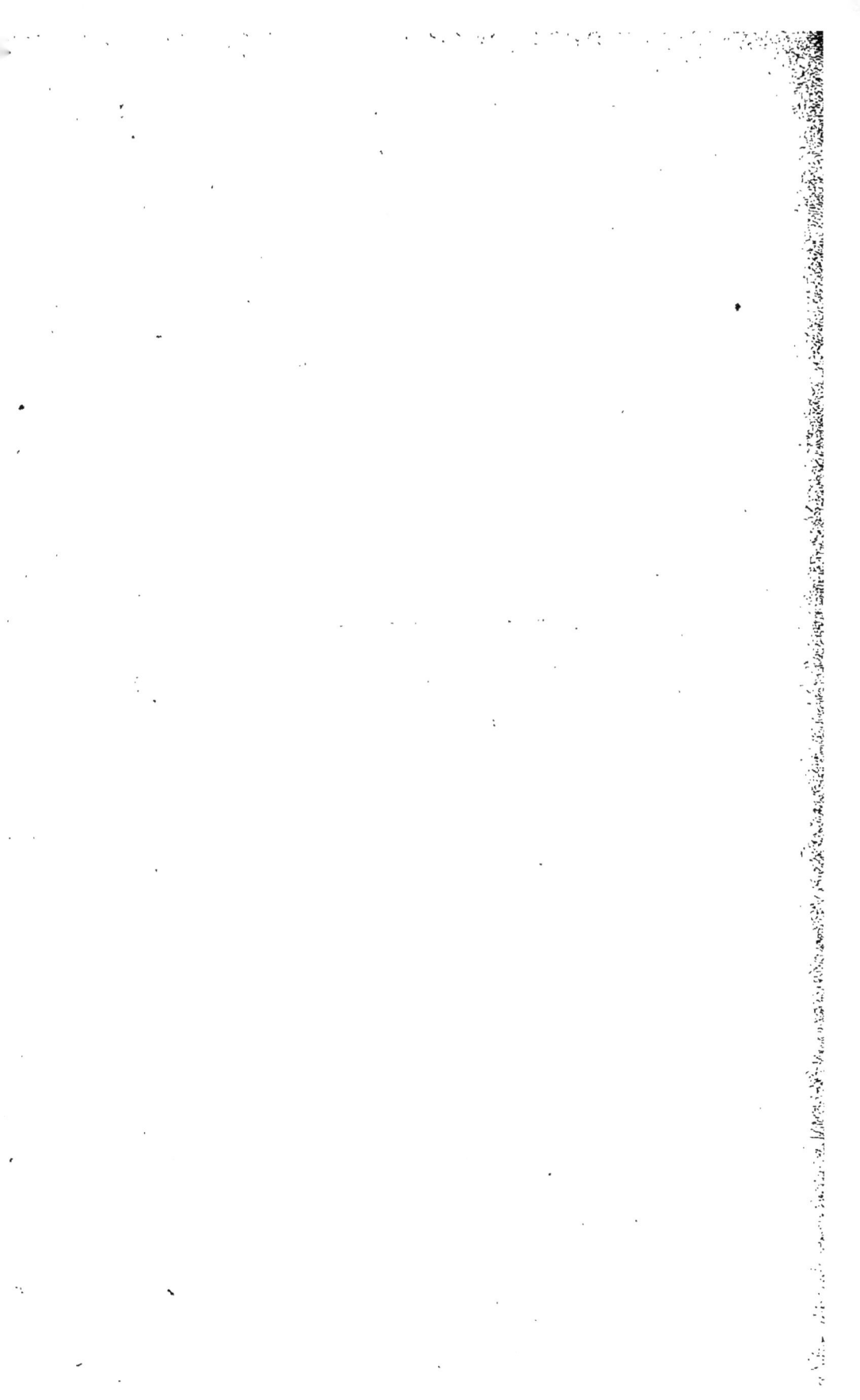

IX

LA CRYPTOGAMIE

~~~~~~~~~~

UN JARDIN SUR UNE MIE DE PAIN

Faire une abondante herborisation sans sortir de Paris, à notre époque d'asphalte et de pavés de bois, semble être une opération chimérique ; elle a été cependant réalisée avec succès par quelques botanistes, notamment par M. J. Vallot.

En dehors de la Cour des Comptes, aujourd'hui transformée en forêt vierge, où une récolte d'une heure vaut deux journées de recherches à la campagne, il a pu recueillir, sur les murs, le long des quais, entre les pavés, plus de deux cents espèces, et non pas des mousses et des lichens, mais des plantes à fleurs dont quelques-unes fort rares, même dans les champs.

D'autres savants, plus sédentaires encore, ont herborisé sur des pièces de monnaie et sur des billets de banque et, à l'aide d'un microscope puissant, ils y ont découvert de la crasse, ce qui n'est pas fait pour nous surprendre, et aussi des bactéries et de nombreuses algues unicellulaires, dont ils ont dressé un catalogue détaillé.

Enhardis par ce dernier exemple, nous allons nous offrir, nous aussi, une herborisation bizarre ; nous choisirons pour champ de recherches une mie de pain. Nous y trouverons une flore peu variée, mais non sans intérêt, dont l'étude nous fera faire un premier pas vers la connaissance des végétaux sans fleurs apparentes, ou *Cryptogames*.

Prenons une mie de pain et plaçons-la pendant quelques jours dans un endroit obscur et légèrement humide ; nous l'en retirerons couverte d'une couche verdâtre qui, examinée avec soin, semblera formée d'un grand nombre de petites épingles enfoncées dans la mie de pain. Ces petites égingles, ou *moisissures,* sont des Champignons dont nous allons suivre le développement.

Mettons le pain moisi sur une assiette blanche et, autour, deux ou trois lamelles de verre et couvrons le tout d'un verre retourné. Au bout de trois jours, dans cette atmosphère chaude, toutes les surfaces protégées sont garnies de moisissures (1, *fig.* 39). En regardant attentivement l'assiette, nous verrons sur sa surface blanche des filaments noirs dout l'ensemble a été appelé *mycelium*.

Le lendemain, examinons à la loupe ou au microscope l'une des lamelles de verre ; nous verrons que le mycelium présente de distance en distance des renflements d'où partent des filaments terminés par une petite boule, nous reconnaissons une des petites épingles aperçues dès le début de l'observation ; nous remarquons aussi, qu'aux dimensions près, nous avons là l'image d'un *Agaric* avec son pied et son chapeau. La partie renflée qui termine le filament est, en effet, comme le *chapeau* des autres Champignons, un appareil de fructification ou *sporange,* rempli de nombreux petits grains arrondis, verdâtres, ou *spores,* que nous aurons peut-être la chance d'en voir sortir en attendant assez longtemps. Quant à la plante proprement dite, elle se compose simplement du mycelium, c'est-à-dire des filaments enchevêtrés (2, *fig.* 39) posés à plat sur l'assiette, sur les lamelles et sur le pain.

Ces milliers de germes, échappés de leur boîte, flottent librement dans l'air qui en est, pour ainsi dire, saturé. Posés sur une substance qui leur convient, ils poussent un mycelium qui fructifie bientôt avec cette rapidité de développement propre aux champignons pour lesquels — quand les circonstances sont favorables — les heures sont des saisons et les jours des années.

Comment s'étonner après cela de la rapidité avec laquelle se forment les moisissures, et ne voit-on pas que leur génération n'est pas plus spontanée que ne l'est celle des *Chélidoines* et des *Giroflées,* qui fleurissent au sommet d'un mur où des graines, apportées par le vent, sont venues se poser !

Si quelques-uns de nos lecteurs s'intéressent à ce genre d'étude, ils pourront obtenir une végétation cryptogamique plus curieuse encore et surtout plus riche en espèces par un procédé dont nous allons maintenant parler, non sans avouer au préalable que, la description des opérations préliminaires nous embarrasse quelque peu.

Profitant d'un séjour à la campagne, allez faire par les champs une promenade matinale, en ayant soin de vous munir d'une assiette enveloppée d'un linge. Les prés sont encore humides de rosée, vous verrez dans l'herbe briller des fleurs charmantes, mais ce n'est pas d'elles qu'il s'agit pour l'instant et, sans beaucoup chercher, vous rencontrerez dans ces pâturages, parcourus tout le jour par les gros animaux domestiques, des traces incontestables de leur passage. Vous aidant alors d'un bâton, faites glisser délicatement dans l'assiette l'objet en question que vous choisissez d'une surface modeste, et entourant le tout du linge, rentrez tranquillement à la maison sans vous vanter de votre récolte.

Déposez-la dans un endroit peu fréquenté — ne vous croyez pas forcé de la mettre au salon — et couvrez-la d'une cloche de verre. Au bout de quelques jours, vous aidant d'une loupe, vous serez étonné d'apercevoir une végétation luxuriante, composée de champignons aux formes gracieuses ou bizarres, dont l'ensemble est représenté, à un faible grossissement, au bas de notre gravure (3, *fig.* 39).

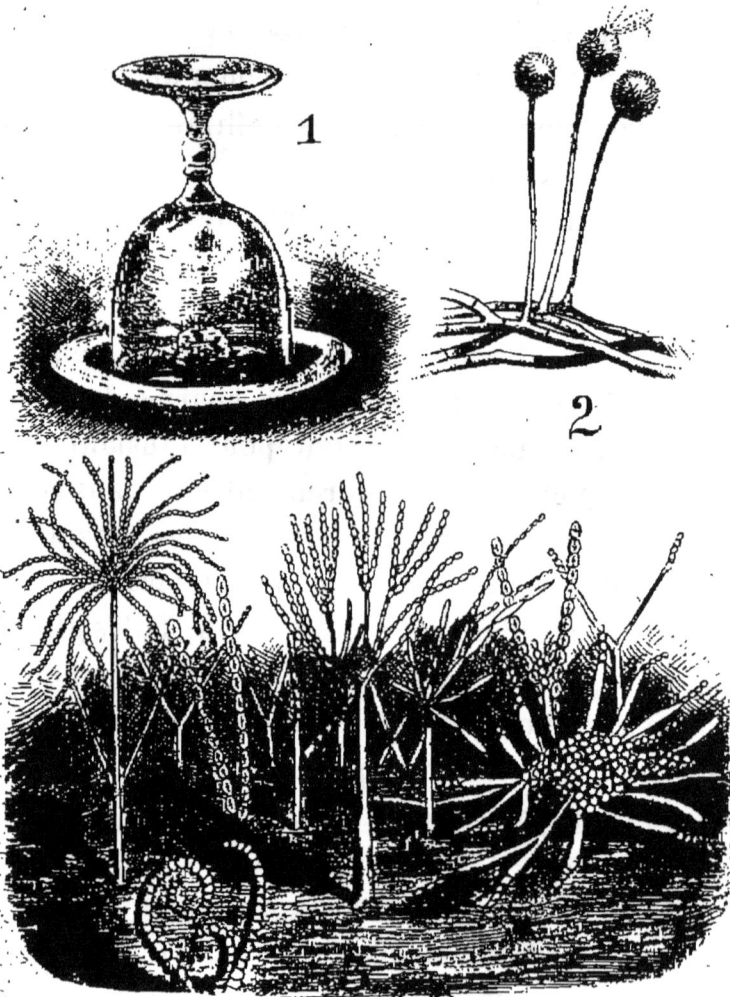

Fig. 39.

1. Fragment de pain couvert de moisissures. — 2. Moisissures grossies.
3. Curieuse végétation cryptogamique aisément obtenue.

Les ruminants broutent, en effet, avec les herbes des milliers de spores de champignons qui, protégées par une enveloppe très résistante, sortent intactes du tube digestif et se développent avec rapidité dans ce milieu qui leur est éminemment favorable.

— ✣ —

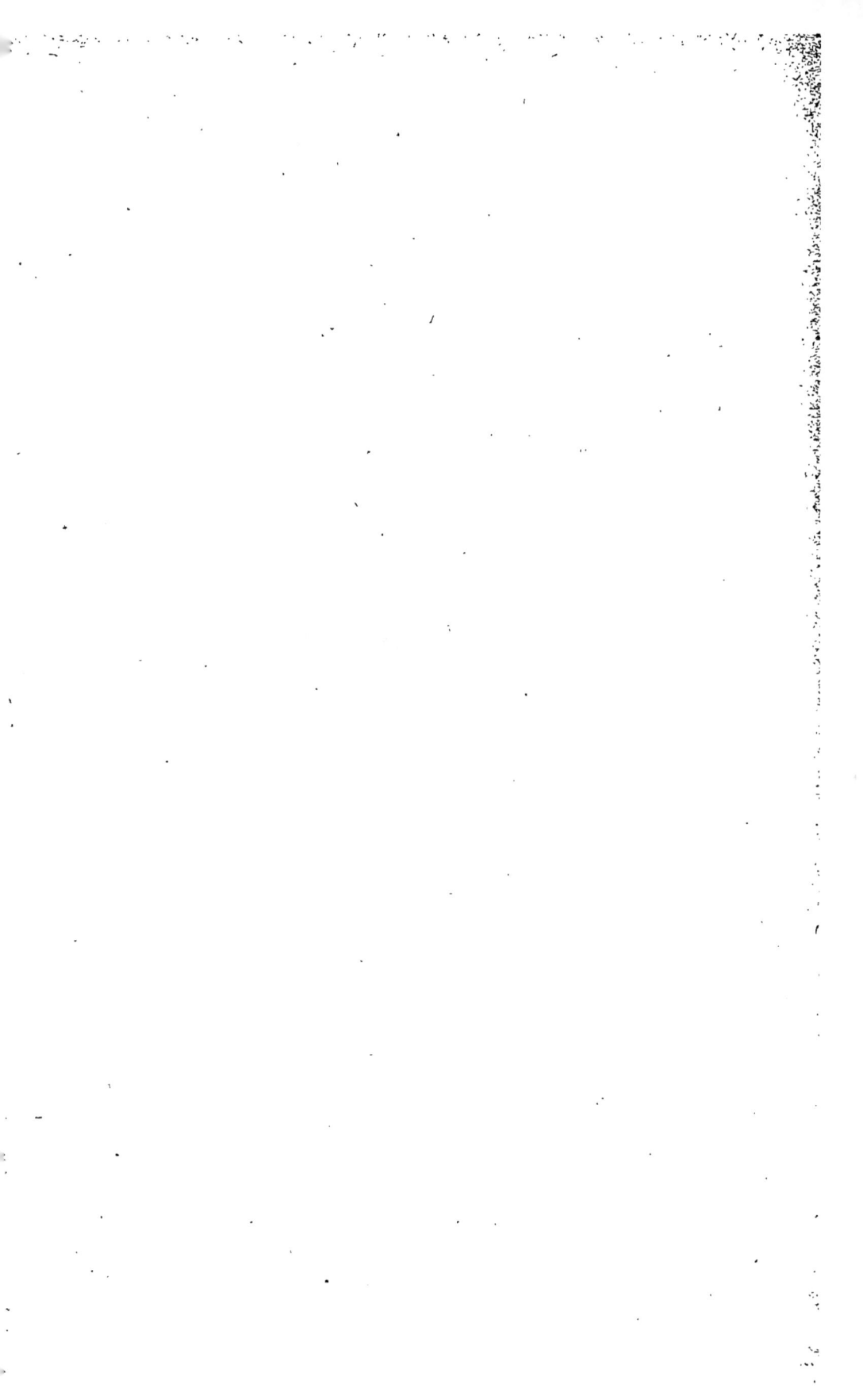

LA

CULTURE EN APPARTEMENT

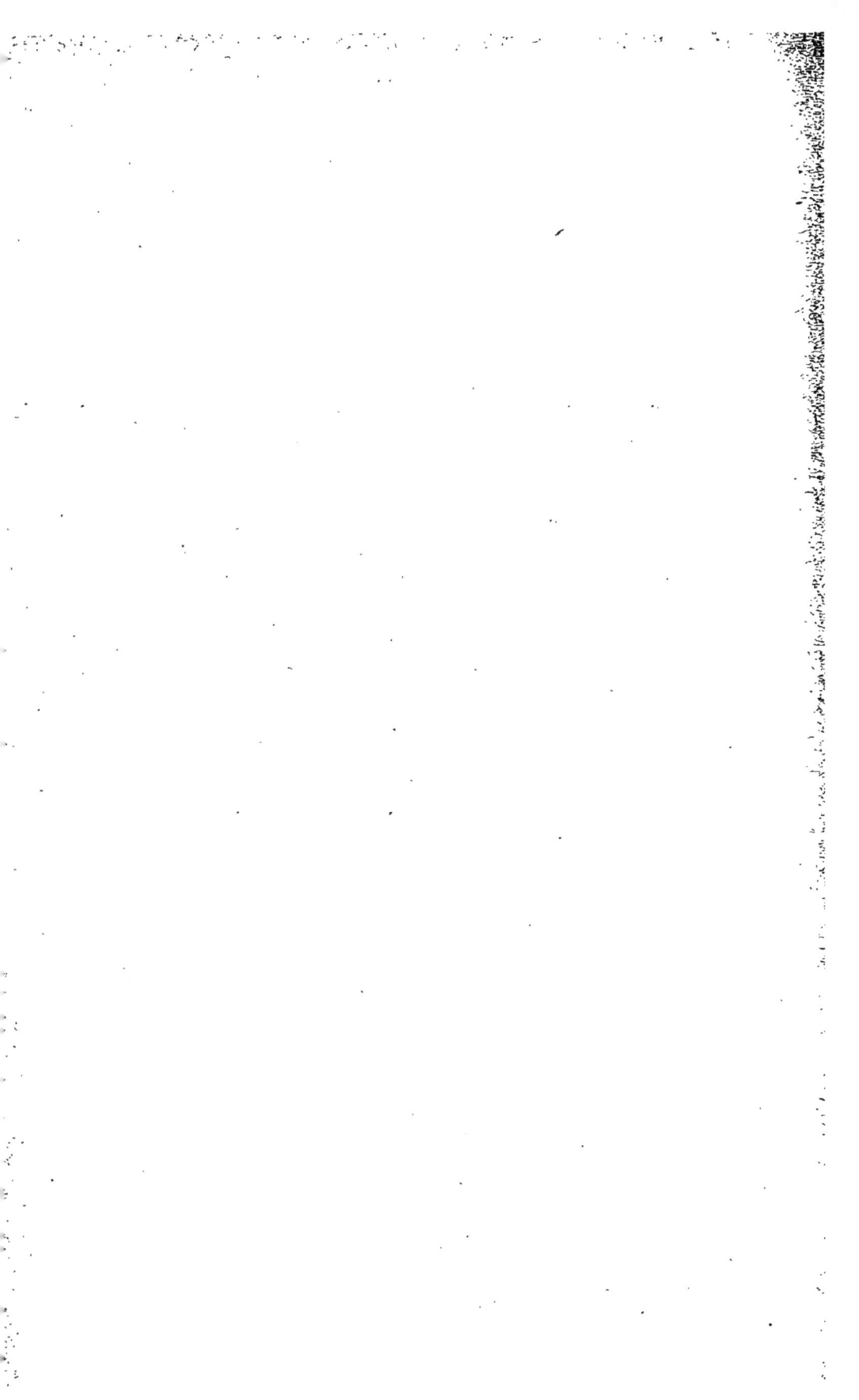

X

LA CULTURE EN APPARTEMENT

~~~~~~~~~~~

LES VASES A CROCUS

La culture des plantes en appartement donne presque toujours des résultats peu avantageux. Les mal-
heureuses plantes ainsi élevées sont généralement
mal arrosées; ou bien on les noie, ou bien on les
laisse mourir de soif; elles reçoivent peu de lumière
et en revanche beaucoup de poussière, ce qui est loin
de faire compensation; aussi les voit-on bientôt périr
à de rares exceptions près, comme l'*Aspidistra*, le
Kentia, le *Palmier nain*.

Mais les plantes bulbeuses ne sont heureusement pas
dans ce cas; elles constituent une ressource merveilleuse pour la décoration des appartements; elles y
viennent très bien, y poussent des feuilles, des fleurs
et ne demandent que peu de soins. Ce manque d'exi-
gence de leur part tient à ce que leur bulbe renferme
tout ce qui est nécessaire à leur développement.

Aussi, est-ce un des charmes de l'hiver de posséder

chez soi quelques-unes de ces plantes gracieuses dont on suit chaque jour les progrès, dont les fleurs aux couleurs brillantes sont une joie pour la vue, et les parfums pénétrants un régal pour l'odorat.

Les bulbes peuvent être plantés dès le commencement de l'automne dans des vases ordinaires, percés d'un trou et contenant de la terre ; mais, — et c'est là leur triomphe, — ils se développent très bien dans l'eau et dans la mousse hachée convenablement arrosée.

Les horticulteurs vendent, depuis quelque temps, pour la végétation des plantes bulbeuses en groupe, des vases en terre cuite ou en faïence de forme spéciale.

Ils présentent une partie sphérique percée d'un certain nombre de trous — généralement douze — disposés symétriquement sur deux rangées ; en haut est une ouverture beaucoup plus large, à la partie inférieure un autre orifice est destiné à l'écoulement de l'eau. — Il est nécessaire de placer ces vases sur une assiette ou sur un plateau pour que l'eau qui s'écoule n'abîme pas le meuble.

On hache de la mousse fraîche, que l'on achète ou que l'on va chercher soi-même si l'on est amateur de longues promenades dans les bois, et on en remplit le fond du vase : sur ce premier lit, on dispose six bulbes de Crocus de Hollande (*Crocus vernus*), de telle façon que leur bourgeon ou la pointe de leur tige, souvent développée, sorte par les six trous infé-

Fig. 40. — Crocus et Jonquilles.

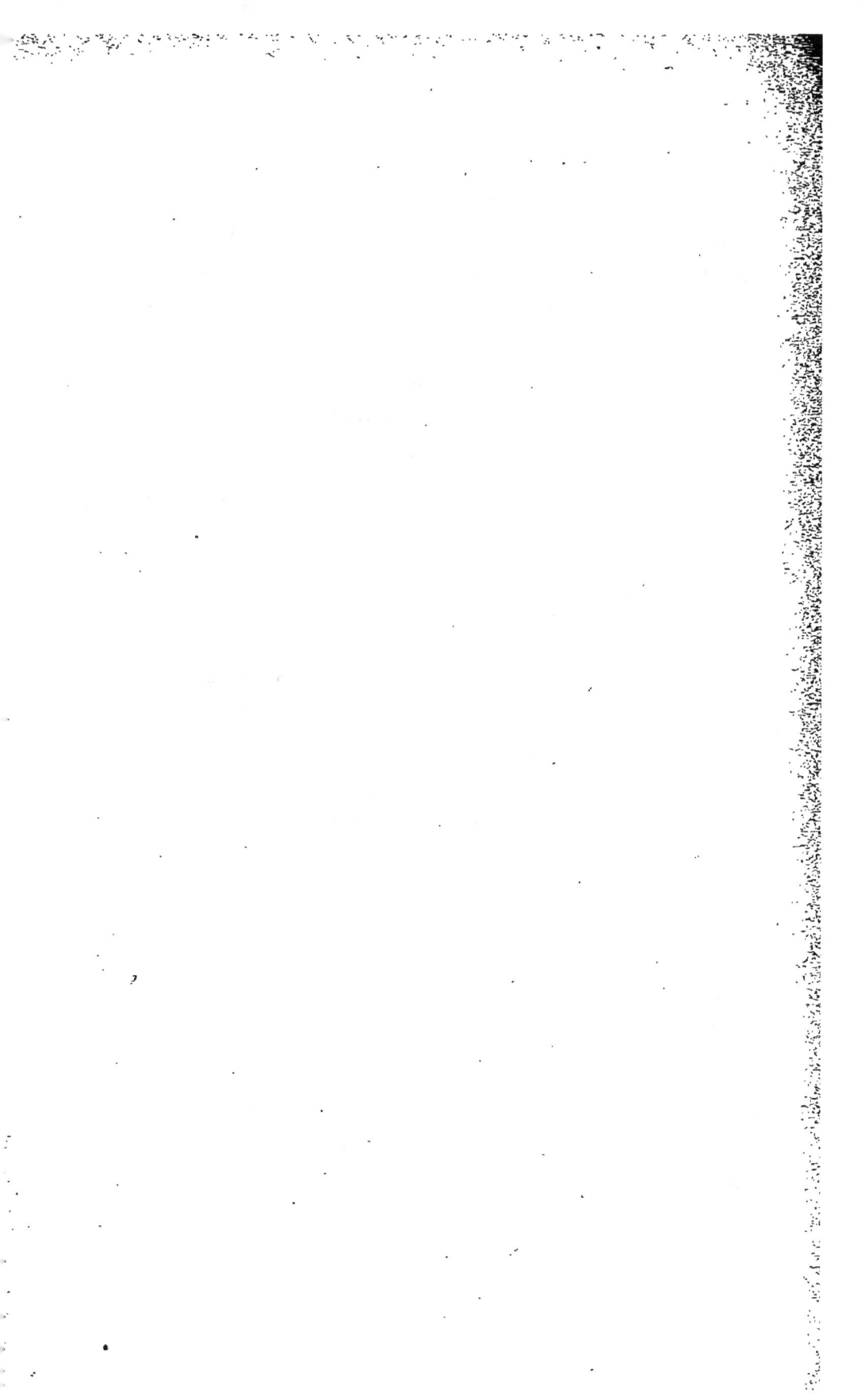

rieurs, et on les maintient fortement avec de la mousse. Au-dessus, six autres bulbes sont placés en face des autres ouvertures ; on recouvre de nouveau de mousse hachée ; puis, au sommet, on place un oignon de Jonquille (*Narcissus Jonquilla*). On ajoute encore un peu de mousse pour cacher l'oignon, en laissant passer seulement l'extrémité du bourgeon.

Le vase doit alors être placé près de la lumière, dans une salle dont la température n'est pas trop élevée ; on l'arrose légèrement environ tous les deux jours. Si la chaleur était trop grande, les feuilles pousseraient avant les racines et la végétation se ferait mal.

Ce n'est qu'après le développement des premières feuilles, dans les conditions que nous venons d'indiquer, qu'on peut placer le vase sur le meuble qu'il est destiné à orner ; encore sera-t-il bon, s'il survient quelque belle journée, de l'exposer sur une fenêtre, à la pleine lumière, tant que durent les heures de soleil.

Deux mois environ après la plantation, les Crocus lancent par les orifices du vase quelques feuilles, minces comme des aiguilles, et le tube de leurs fleurs terminé par une élégante corolle violette, jaune ou blanche, tandis que la Jonquille s'élève superbe, couronnant ce charmant édifice dont l'aspect gracieux est reproduit par notre gravure (*fig.* 40).

On peut varier d'ailleurs la décoration fournie par ces groupes de bulbeuses. On peut, par exemple, les suspendre le long d'un mur. A cet effet, certains de ces vases font corps avec une main en terre cuite placée au dessous et dont le poignet porte un crochet. Le creux de la main forme une sorte de petit vase suffisant pour retenir l'eau en excès.

On pourra remplacer les Crocus par des Tulipes ou par des *Scilles de Sibérie* aux élégantes fleurs bleues.

FLORAISON D'UNE JACINTHE DANS L'EAU

Au commencement de ce livre, nous avons indiqué comment, pour les besoins de la cuisine, on peut faire développer un oignon dans une carafe.

C'est une culture qui trouverait difficilement sa place dans un salon où l'utile doit céder le pas à l'agréable, mais rien n'empêche de substituer au vulgaire oignon, peu ornemental de sa nature, un bulbe de Jacinthe ou d'Amaryllis.

Pour la culture en carafe des plantes bulbeuses on trouve, depuis longtemps déjà, dans le commerce, des vases de forme spéciale, plus ou moins élégants, terminés par une partie élargie, sorte de godet dans lequel on place le bulbe choisi.

On remplit ce vase d'eau de façon que la partie inférieure du bulbe plonge dans le liquide. Les conditions de température et de lumière, les soins à prendre sont les mêmes que ceux qui ont déjà été indiqués [1].

Lorsque la Jacinthe est en pleine floraison, il est bon d'en soutenir la hampe florale avec une mince baguette dont on enfonce simplement la pointe dans

---

1. Voir : *Développement d'un oignon dans une carafe* et *Les Vases à crocus.*

le bulbe, sans cela le poids des fleurs, placé tout entier à l'extrémité d'une tige souvent élevée, pourrait
faire basculer l'oignon, ou tout au moins amener une
flexion désagréable à l'œil et nuisible au bon développement de la plante.

Quelques-unes de ces carafes disposées avec goût
sur un meuble ou une étagère produisent un charmant effet, surtout si l'on a eu le soin de choisir les
les bulbes de façon à obtenir des nuances variées.

Les Jacinthes à fleurs simples réussissent mieux,
soit dit en passant, que les variétés à fleurs doubles.

On peut obtenir le développement d'une Jacinthe
dans des conditions plus curieuses encore.

On prend un vase en verre ou en faïence percé aux
deux extrémités d'ouvertures larges et inégales.

La plus petite doit, quand on la tourne vers le sol,
pouvoir retenir un gros oignon de Jacinthe qu'on
place la tête en bas. On le recouvre de terre et, à la
partie supérieure, on place un autre oignon dans sa
position normale.

On pose ce premier vase sur un deuxième en verre
bien clair, très grand, que l'on remplit complètement
d'eau. On porte cet appareil à la lumière en ayant
soin de renouveler fréquemment le liquide.

La Jacinthe supérieure se développe dans l'air
— ce qui n'a rien d'extraordinaire — et au bout de
quelques semaines, ses élégantes clochettes laissent
échapper leur parfum pénétrant; mais, fait plus
remarquable, la Jacinthe inférieure se développe éga-

Fig. 41. — Floraison d'une Jacinthe dans l'eau.

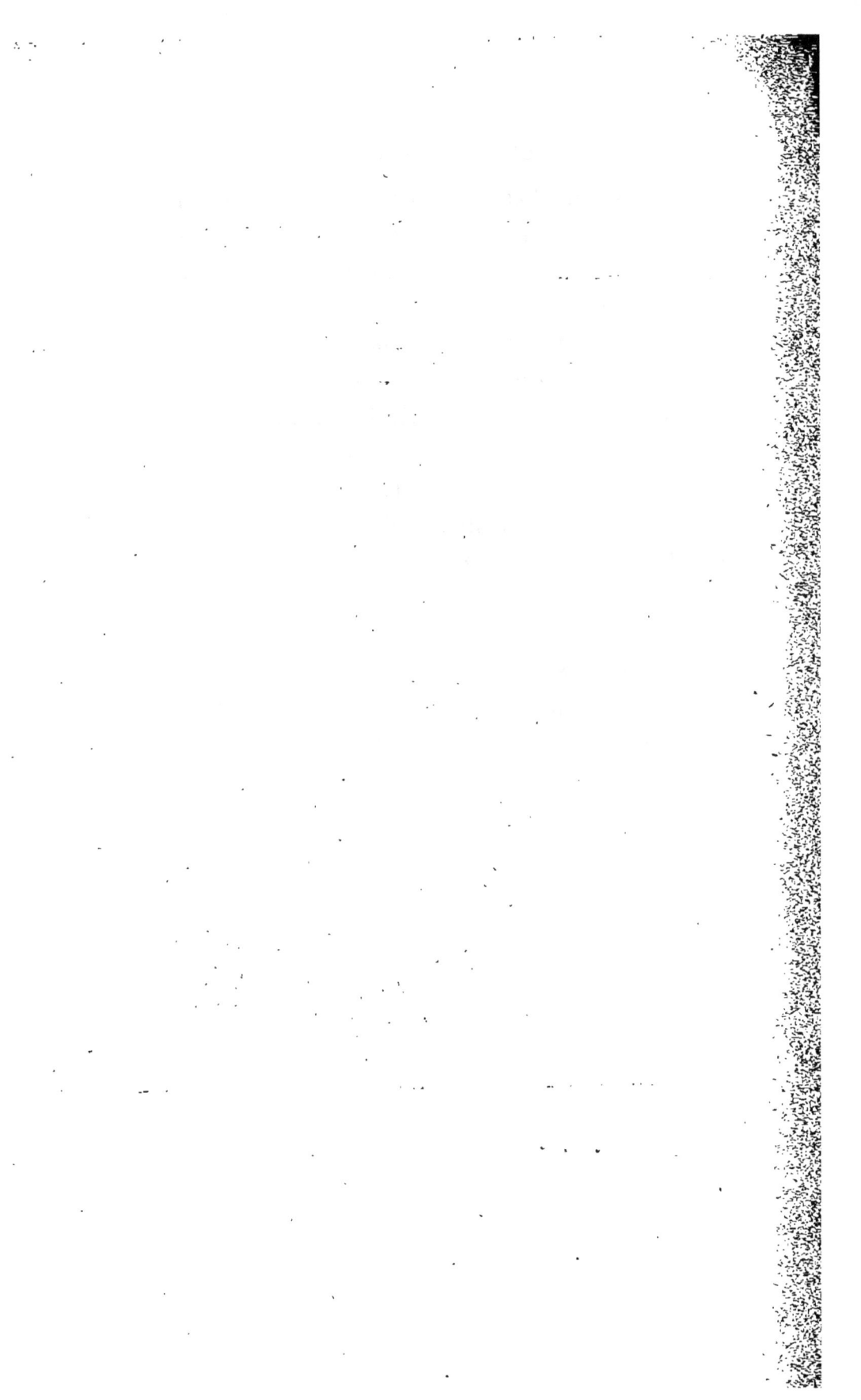

lement bien dans l'eau, et rien n'est curieux comme l'ensemble formé par ces deux plantes dont les fleurs semblent sortir des deux extrémités d'un même bulbe (*fig.* 41).

L'effet produit est plus grand encore si les fleurs sont de couleurs différentes. — Ajoutons que si l'on veut jouir longtemps de cette floraison anormale il ne faut pas que la température soit trop élevée dans la salle où l'on place l'appareil.

On se procure aisément cet assemblage de vases dans le commerce, mais, à cause des dimensions considérables de la carafe, le prix en est encore assez élevé. C'est pourquoi si, laissant de côté toute préoccupation d'élégance, on tient simplement à voir se produire ce curieux développement, on dispose dans une salle isolée, mais bien éclairée, un grand bocal, veuf de ses cornichons, au sommet duquel on adapte un petit vase en terre ordinaire, dont on a agrandi légèrement l'orifice inférieur.

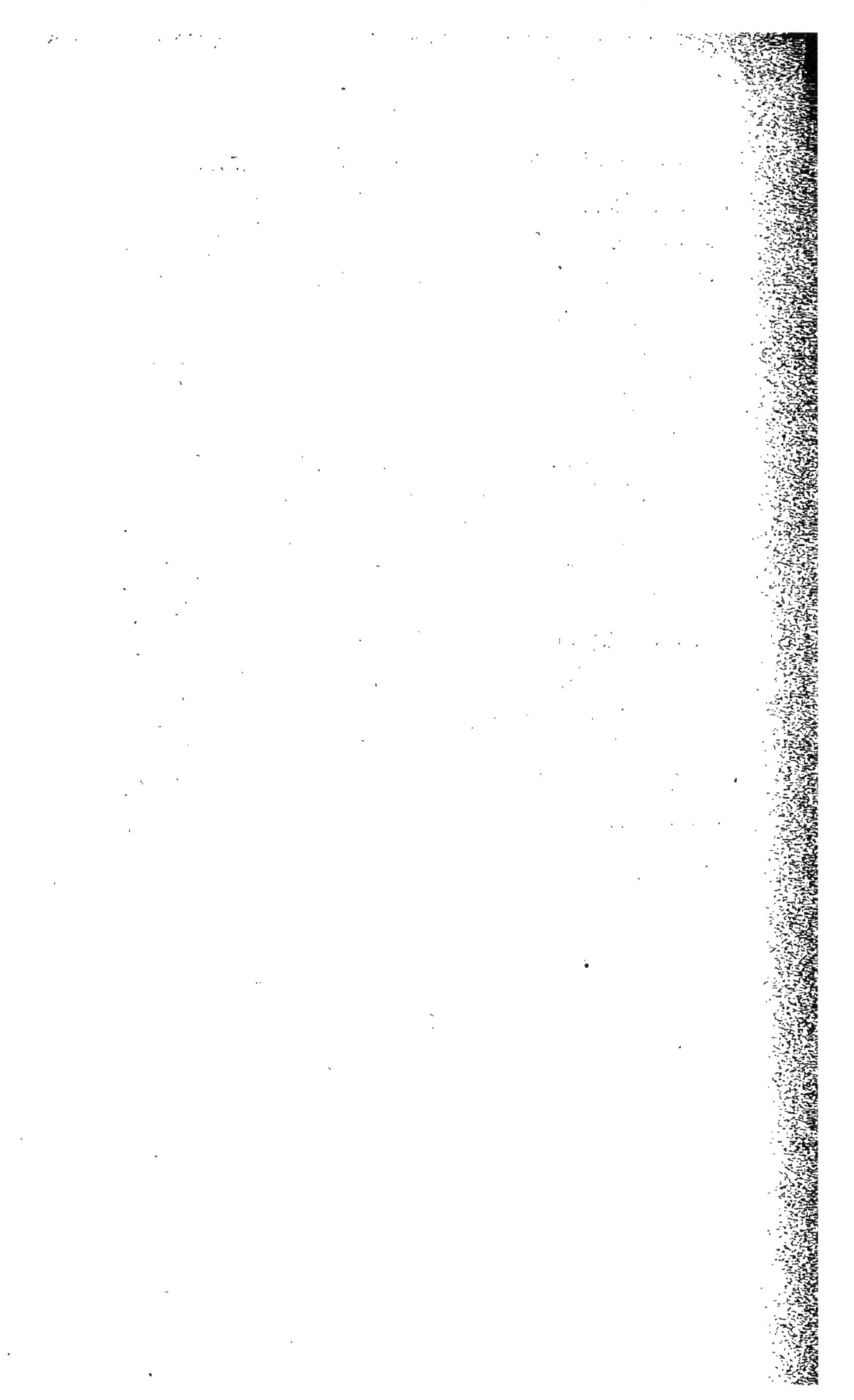

LA CORBEILLE DE SYLVIES

Les premiers rayons du soleil ont fondu les neiges de l'hiver; voici les beaux jours et bientôt les cloches de Pâques lanceront dans l'air leurs gais carillons.

Les grandes courses dans les bois ont, à cette époque de l'année, un très grand charme, d'abord parce que la température peu élevée dispose à la marche, puis parce que les fleurs, encore rares, sans avoir tout l'éclat, toute la richesse des productions de l'été, ont une grâce toute particulière.

Parmi ces fleurs du premier printemps vous ne pourrez manquer de rencontrer la charmante *Sylvie*. Elle est commune dans les bois de toute la France, où elle forme, par places, de véritables pelouses, et l'on ne peut faire quelques pas à Saint-Cloud, à Meudon, ou même au bois de Boulogne sans apercevoir ses blanches corolles, si serrées en certains points qu'elles donnent l'illusion de la neige à laquelle nos yeux sont encore habitués.

Cette gracieuse plante appartient à la même famille que le *Bouton d'or*, celle des Renonculacées, qui contient un grand nombre de plantes dangereuses. La Sylvie n'est heureusement pas dans ce cas; malgré cela, il ne serait pas prudent de mettre dans la bouche pendant trop longtemps ses tiges, qui laissent échapper un suc légèrement âcre. C'est une Anémone, l'Anémone des bois (*Anemone nemorosa*); on l'appelle aussi dans certaines régions *fleur du Vendredi-Saint* pour une raison analogue à celle qui a fait donner, dans l'Ouest, le nom de *fleur de la Pentecôte* à certaines espèces d'Iris très communes au bord de la mer.

La tige de la Sylvie ne porte qu'une fleur, formée de six pétales blancs, souvent un peu violacés à l'extérieur. On ne distingue pas de calice, mais, au-dessous de la fleur, on trouve toujours trois feuilles finement découpées, formant une collerette (*involucre*) qui entourait la fleur dans son bouton.

En arrachant la plante avec précaution on amène à l'air un sorte de racine assez grosse, d'où partent des radicelles. Cette prétendue racine n'est autre chose qu'une tige souterraine ou rhizome, car à son extrémité on trouve un bourgeon qui passera l'hiver sous le sol et, au printemps suivant, donnera une une tige aérienne et sa fleur unique (*fig. 42*).

On fait avec les Sylvies de charmants bouquets dans lesquels on ne sait ce qu'on doit le plus admirer, ou des belles feuilles gracieusement découpées et d'un vert superbe, ou des délicates corolles blanches tachetées de jaune en leur milieu par les multiples étamines.

Mais un bouquet est bien vite fané, et si l'on tient à conserver longtemps un souvenir de cette pre-

Fig. 42. — Corbeille garnie de Sylvies.
L'Anémone-Sylvie très réduite

mière excursion du printemps, il faut opérer comme
nous allons l'indiquer.

On arrache les Anémones avec leur tige souterraine tout entière, ce qui ne présente aucune difficulté en tirant un peu obliquement sur la plante.
— Celles qui se casseraient au ras du sol pendant
cette opération doivent être rejetées. On choisira les
fleurs qui sont encore en bouton et on joindra à ce
gros bouquet un beau paquet de mousse bien fraîche
qu'on trouvera sans beaucoup chercher.

Au retour de l'excursion, on dispose les plantes
dans une jardinière à bords peu élevés, de façon
que les tiges souterraines soient toutes appliquées
contre le fond, et comme les tiges, un peu fanées par le voyage, baissent tristement la tête, on
les maintient avec la mousse et on arrose légèrement. Les arrosages seront renouvelés tous les deux
ou trois jours et, quand il fera un rayon de soleil et
que le vent ne sera pas trop fort, on portera la jardinière sur une fenêtre.

Ces fleurs délicates pourront ainsi se conserver
fraîches pendant un mois et plus; rien ne leur manque en effet : d'une part, on leur fournit l'humidité
nécessaire, d'autre part, elles mangent les réserves
qu'elles avaient placées dans leur rhizome en prévision du prochain hiver.

Cette charmante corbeille de Sylvies (*fig.* 42) sera
un ornement tout aussi gracieux qu'une jardinière
garnie de fleurs d'un grand prix achetées chez l'hor-

ticulteur. Elle présente même sur cette dernière
plus d'un avantage; d'abord, elle ne coûte rien, ce
qui, par le temps qui court, n'est pas à dédaigner,
puis son arrangement est notre œuvre, et les compli-
ments qu'on en fera chatouilleront agréablement
notre vanité, enfin sa confection nous aura procuré
une longue promenade dans les bois, c'est-à-dire à
la fois du plaisir et de la santé.

BOUTURAGES FACILES DE PLANTES D'APPARTEMENT

Lorsque l'horticulteur veut obtenir de nouvelles variétés d'une plante, il pratique des croisements et sème les graines qui en résultent. Au contraire, lorsqu'il veut conserver avec tous ses caractères une variété obtenue, il la multiplie par *greffe, marcottage ou bouturage*.

La première de ces opérations repose sur la propriété que possèdent les bourgeons de modifier la sève qui leur est fournie par une racine étrangère ; les deux autres utilisent la formation des *racines adventives* qui se produisent toujours au contact d'une tige avec le sol humide, ou autour d'une plaie faite à une partie quelconque du végétal et maintenue dans un milieu chaud et humide.

Dans le marcottage, on fait former les racines adventives sur un rameau, et on ne le sépare qu'ensuite de la plante ; au contraire, dans le bouturage, on sépare d'abord le rameau, on l'enfonce dans le sol, et les racines ne tardent pas à se développer.

On multiplie par boutures les plantes vivaces qui ne donnent des graines que difficilement, ou bien encore, comme nous le disions plus haut, celles dont on veut conserver exactement le type, qui serait susceptible de varier par le semis.

Certaines plantes, le *Saule* par exemple, fournissent des boutures dont le développement semble tenir du miracle. Il suffit d'en couper une grosse branche, de la tailler en pointe et de l'enfoncer à coups de marteau, comme un pieu, dans le sol humide; au bout de peu de temps elle s'enracine et porte des feuilles. La *Vigne*, le *Rosier*, le *Fusain du Japon*, le *Platane*, etc., se bouturent très aisément.

Mais laissons de côté toutes ces opérations, dont la pratique est décrite dans tous les ouvrages spéciaux, pour nous occuper des boutures que l'on

Fig. 43. — Bouture de Laurier-rose.

peut faire de quelques plantes d'appartement et de
fenêtre.

Les *Pelargonium*, vulgairement appelés *Geranium*, sont des plantes très répandues à cause du
peu de soins qu'elles exigent et de leur floraison inin-

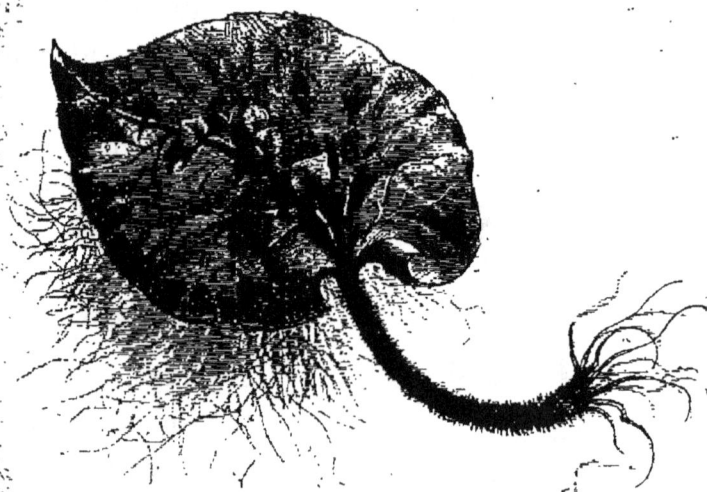

Fig. 44. — Bouture de feuille de Bégonia.

terrompue pendant toute la belle saison ; elles vivent
d'ordinaire quatre ou cinq ans et deviennent fort
belles, mais il est bon de revivifier de temps en
temps, par des boutures, les variétés qu'on en
possède.

Pour cela, au printemps ou à la fin de l'été, on
sectionne nettement un rameau au-dessous de la
naissance d'une feuille. S'il est assez long on le
coupe en deux ; la partie supérieure, ou *bouture de*

tête, munie d'un bourgeon terminal, donnera une plante droite, élevée, peu ramifiée; la partie inférieure, ou *bouture tronquée*, se ramifiera au contraire dès le début, et donnera un Pelargonium touffu et peu élevé.

Avec un canif, on entaille légèrement les surfaces de section, les plaies ainsi formées augmentent le nombre des racines. Les boutures sont alors enfoncées de trois à quatre centimètres dans la terre d'un pot, dont le fond est garni de tessons jusqu'au tiers de la hauteur. Si le pot est assez large, il est bon de planter les boutures près des parois, elles émettent alors des racines plus rapidement.

Les plantations faites, on arrose abondamment et l'on recouvre d'une cloche de façon à empêcher complètement l'accès de l'air pendant les premiers jours. On maintient toujours la terre humide, on enlève les feuilles qui commencent à pourrir, et l'on évite avec un soin égal l'obscurité et les rayons directs du soleil.

Si l'on fait la bouture à l'air libre, il importe d'enlever une partie des feuilles du rameau, de façon à diminuer l'évaporation.

Pour bouturer le *Laurier-rose*, beaucoup de personnes croient qu'il est nécessaire de plonger l'extrémité de la bouture dans une bouteille pleine d'eau. Par ce procédé, on voit, en effet, se former très rapidement des racines adventives (*fig.* 43),

mais l'inconvénient, c'est qu'il faut ensuite re-
planter les boutures dans la terre. Il est donc
préférable de les y placer de suite, et tout n'en
marchera que mieux.

Les rameaux munis de feuilles et de bourgeons ne sont pas les seules parties des plantes
qu'on puisse bouturer; des fragments de racine
placés dans des conditions favorables de chaleur
et d'humidité, émettent des bourgeons et peuvent
produire une nouvelle plante; cette méthode, très
longue, n'est appliquée qu'à certaines plantes
rares.

Une feuille isolée ou même un pétiole peuvent
être bouturés et donner naissance à plusieurs plantes.
On peut couper, par exemple, une feuille de *Pau-
lownia* en vingt parties, et chacune d'elles, enfoncée
dans le sol, y formera des racines adventives et un
bourgeon.

Nous indiquerons pour terminer un mode curieux
de multiplication qu'on peut appliquer aux Bégo-
nias à grandes feuilles (*Begonia rex*).

On détache une feuille, on en sectionne les nervures comme l'indique la gravure (*fig.* 44), et on la
pose à plat sur la terre humide. Si la température
de l'appartement dans lequel on fait l'opération est
suffisamment élevée, on voit se produire rapidement
des racines adventives au-dessous de la feuille et,
près des incisions, se développent des bourgeons qui
donnent bientôt chacun une petite plante. Quand

chaque jeune pousse est bien enracinée, on l'enlève pour la rempoter séparément.

Voilà un procédé qui sera fort apprécié par les nombreux admirateurs de ces belles plantes dont le feuillage coloré est si décoratif.

ARROSAGE AUTOMATIQUE DES PLANTES
PAR CAPILLARITÉ

C'est une grave opération que l'arrosage des plantes d'appartement, et c'est généralement parce qu'elle est mal faite que l'on voit s'étioler et périr au bout de quelques jours les plantes à beau feuillage, achetées brillantes de santé à l'horticulteur.

Ce dernier est presque toujours, dans ce cas, accusé d'avoir mis *quelque chose* dans la terre pour faire périr la plante et pousser par suite à la consommation. Aussi beaucoup de personnes seraient fort étonnées si on leur disait qu'elles ont causé elles-mêmes les ravages dont elles se plaignent, soit en mettant dans des pièces trop froides, ou inégalement chauffées, des plantes qui sortent des serres toujours maintenues à une température tiède et régulière, soit en les laissant manquer d'eau ou, au contraire — ce qui est bien plus fréquent — en leur en donnant jusqu'à amener la pourriture des racines.

C'est pourquoi, si l'on n'est pas sûr de régler convenablement la provision d'eau qui doit être fournie à la plante, il est préférable d'employer une méthode que je n'ose qualifier de nouvelle — car l'est-elle et y a-t-il quelque chose de nouveau sous le soleil? —mais qui, dans tous les cas, est fort pratique.

L'inventeur lui a donné le nom d'*arrosage auto-matique par capillarité*.

Elle a l'avantage de n'exiger, comme accessoires, que des rubans dits capillaires et un réservoir rempli d'eau qui sert de support au vase contenant la plante.

La partie supérieure de ce réservoir, auquel on peut naturellement donner toutes les formes, même les plus élégantes, est percée d'un trou destiné à son remplissage et par lequel passe l'une des extrémités du ruban capillaire, tandis que l'autre est enfoncée de deux à trois centimètres dans la terre du vase.

L'eau monte par capillarité, comme l'huile d'une lampe monte dans la mèche; l'arrosage se fait ainsi automatiquement et de bas en haut, avec plus ou moins de lenteur et d'abondance, suivant les besoins de la plante, qui *se règle elle-même*.

La terre n'est jamais alors ni trop sèche, ni trop humide; elle a toujours une humidité constante et normale favorable au bon développement de la plante; elle en facilite la floraison et en prolonge la durée.

En dehors de tous les avantages que nous venons d'énumérer, la méthode présente encore celui d'une propreté parfaite : plus de taches d'eau sur les meubles et sur le parquet!

Elle permet de s'absenter pour quelques jours sans avoir à craindre de trouver au retour les plantes fanées ou mortes.

Enfin, on peut faire dissoudre dans l'eau du réservoir certains sels utiles à la végétation des plantes
d'appartement ; le ruban capillaire leur fournit alors

Fig. 45. — Aspidistra arrosé   Coupe de l'appareil montrant
        par capillarité.   le réservoir et le ruban capillaire.

à la fois de l'eau et un bon engrais, c'est-à-dire les
éléments principaux de la prospérité.

A gauche de notre gravure (*fig.* 45) on voit
le groupe formé par un *Aspidistra* et son support ;
l'aspect décoratif de la plante n'en est pas modifié.
On peut d'ailleurs employer un cache-pot, comme le

montre la gravure, pourvu que le fond en soit percé pour laisser passer le ruban capillaire. A droite se trouve une coupe de l'appareil pour faire bien saisir la disposition du ruban et du réservoir.

LA CULTURE DES PLANTES SANS TERRE

Lorsqu'une plante possède des réserves dans une de ses parties souterraines, racine, rhizome ou bulbe, il n'est pas difficile de la faire végéter hors de terre pendant un certain temps ; et cette propriété peut être utilisée d'une façon très heureuse pour les cultures en appartement.

Nous savons comment on peut obtenir le développement des Jacinthes dans des carafes pleines d'eau, et aussi comment on peut conserver pendant longtemps des Sylvies en les mettant dans de la mousse humide.

On peut, par ce dernier procédé, obtenir une magnifique floraison de Jacinthes aux couleurs variées dans d'élégants paniers en terre cuite, en porcelaine, destinés à l'ornement du salon.

La culture dans la mousse peut même être étendue à des plantes qui ne contiennent pas de réserves, mais il faut alors leur fournir, sous forme d'engrais, les substances qui sont nécessaires à l'entretien de leur vie.

Au cours d'une promenade à la campagne, on arrache les plantes que l'on veut ainsi cultiver, mais en prenant de très grandes précautions. Il faut avoir grand soin de ne pas abîmer les radicelles pendant l'arrachage. Une fois à la maison, on les met dans l'eau à peine tiédie de manière à ce que la terre se détache toute seule, sans qu'on ait besoin de secouer pour la faire tomber, ce qui détériore toujours le *chevelu*.

Les précautions que nous venons d'indiquer sont indispensables; la réussite dépend de leur stricte observation.

Dans la jardinière qu'on veut garnir, on place une couche de mousse bien sèche et légèrement humide, et, sur ce lit, on étale avec soin, horizontalement, les racines des plantes. On achève de remplir avec de la mousse et l'on se garde bien désormais de toucher à la jardinière, car le moindre mouvement dérangerait les racines et compromettrait la végétation.

Il s'agit maintenant d'arroser. Voici comment il faut procéder. On se procure chez un horticulteur un des nombreux engrais vendus pour plantes d'appartement, par exemple, l'engrais du Dr Jeannel, dont la formule est la suivante :

Azotate d'ammoniaque.	380 gr.
Biphosphate d'ammoniaque.	300
Salpêtre brut.	260
Biphosphate de chaux en poudre fine.	50
Sulfate de fer.	10
Total.	1,000 gr.

Ce mélange, pulvérisé, est conservé à l'abri de

Fig. 46. — Culture de Linaire dans la mousse fertilisante.

l'air. On doit l'employer à raison de 2 grammes par litre d'eau.

Une fois par semaine, on arrose avec deux ou trois cuillers à café de cette solution saline et, tout le reste du temps, avec de l'eau ordinaire.

Il est bon aussi, de temps en temps, de faire un abondant arrosement à l'eau ordinaire pour dissoudre les sels accumulés que les plantes n'ont pu absorber.

Notre gravure (*fig.* 46) représente une jardinière dans laquelle un beau pied de *Linaire* en pleine floraison, comme on en trouve au bord des chemins pendant tout l'été, est cultivé de cette manière.

LES BOUQUETS PERPÉTUELS

Certaines fleurs, après avoir été séparées de leur tige, et sans avoir subi aucune préparation, conservent leurs couleurs et leur aspect pendant fort longtemps. Les jolies corolles violettes de la *Statice limonium*, abondante sur le bord des marais salants et le long des falaises de l'Océan, réunies en bouquet vers la fin de septembre, sont encore charmantes au printemps suivant; c'est à peine si elles ont légèrement pâli sous l'action de la lumière; les petits grelots roses des *Bruyères* gardent leur teinte pendant plusieurs mois et quelques Composées, comme la *Carline* et les nombreuses variétés d'*Immortelles*, présentent une attitude si raide, ont l'air si desséché pendant leur vie, que la mort n'apporte aucune modification sensible à leur aspect de fleurs artificielles.

Mais il est d'autres fleurs qui se fanent dès qu'elles sont cueillies et ce sont, naturellement, les plus fraîches, les plus gracieuses, celles qu'on éprouverait le plus de plaisir à conserver autrement qu'en herbier.

Pour quelques-unes, aux tissus épais, gorgés d'eau, il est impossible de réaliser ce désir; pour d'autres,

18

à contexture légère, comme la *Pensée,* la *Violette,* le *Bouton d'or,* le *Pied d'alouette,* rien n'est plus aisé et on peut les conserver indéfiniment en opérant de la manière suivante. Dans une boîte en bois ou en fer-blanc, on place une ou plusieurs couches de sable fin obtenu en pulvérisant un pavé de grès. On y pose délicatement les fleurs et on les recouvre de sable qu'on fait passer à travers un tamis. Le soir, on place la boîte dans le four d'un poêle presque éteint; on la retire le lendemain, mais on n'enlève les fleurs qu'au bout de vingt-quatre heures de façon à leur laisser reprendre peu à peu une certaine dose d'humidité qui les empêche d'être trop cassantes. On détache alors avec soin le sable qui y adhère, et on dispose ces fleurs en bouquets ou on les place comme vitraux entre deux lames de verre.

On peut aussi orner des vases en les garnissant de légères inflorescences de Graminées ou de plantes en graines convenablement choisies. Une dessiccation à l'air, dans une chambre peu éclairée, suffit pour leur assurer une conservation presque illimitée.

Les têtes ovoïdes des *Cardères,* les disques argentés des *Lunaires,* vulgairement désignées sous le nom de *Monnaie du pape,* les fruits rouges de l'*Oseille sauvage,* les *Agrostides* finement découpées, les panaches violacés des *Baldingères,* les tremblantes panicules de la *Folle-avoine,* les *Bromes* délicats aux attitudes penchées, font merveille dans ces bouquets

Fig. 47. — Les *Massettes* au bord de l'étang.
Vase garni de Massettes, de Roseaux à balai et de Brizes.

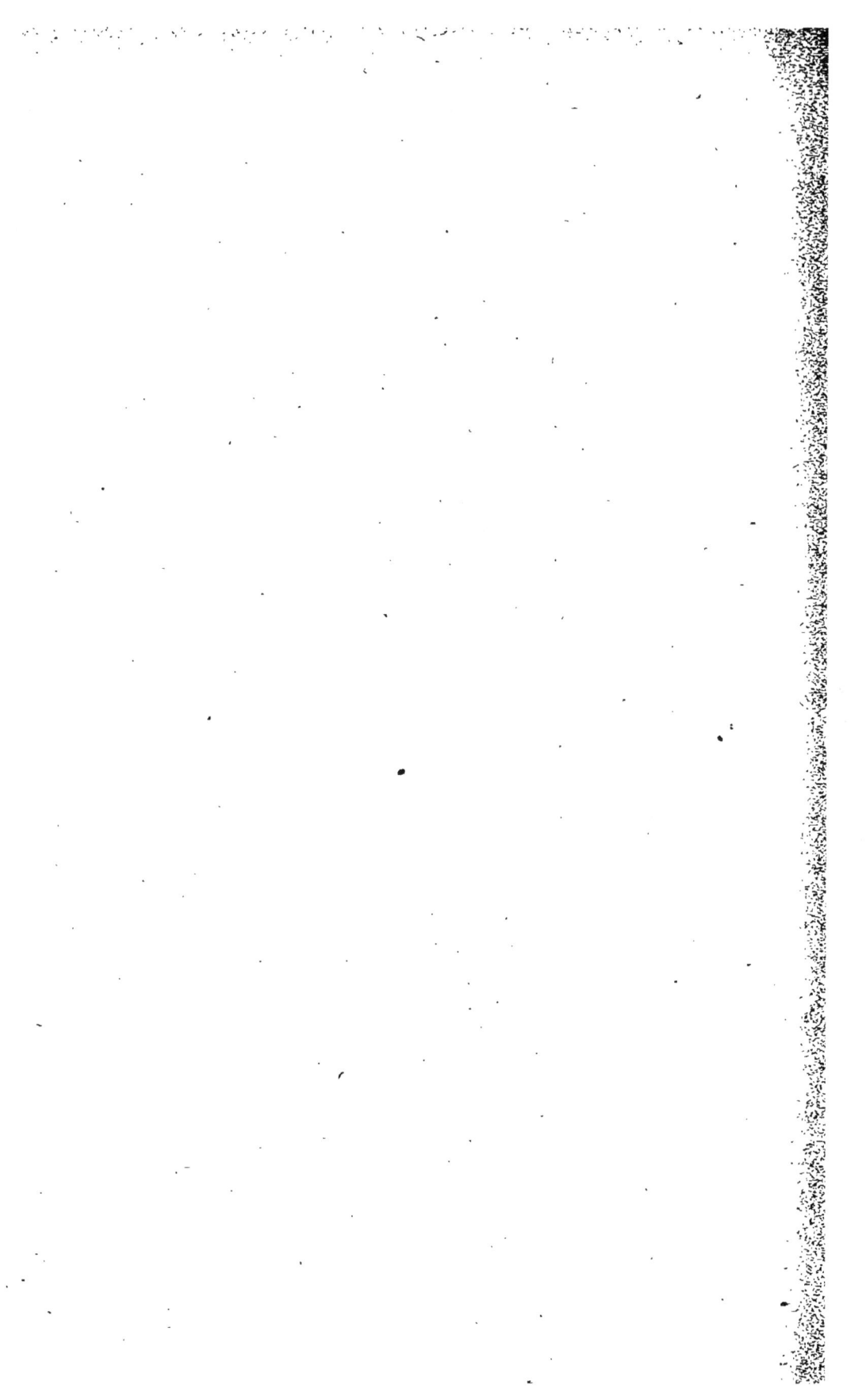

perpétuels que chacun confectionne à sa manière avec plus ou moins de goût.

En cette matière, tout conseil serait superflu. Nous nous permettrons simplement d'appeler l'attention de nos lecteurs sur la jolie gerbe de plantes sèches représentées par notre gravure (*fig.* 47). Une promenade au bord d'un ruisseau ou d'un étang vers le milieu de septembre sera suffisante pour en réunir les matériaux.

Elle est formée des gros épis cylindriques des Massettes (*Typha angustifolia, T. latifolia*), si abondantes au bord des eaux. Chacun de ces épis est supporté par une tige le long de laquelle on a laissé à dessein quelques feuilles allongées; l'aspect de l'ensemble explique suffisamment les noms vulgaires de *Massette, Quenouille* ou *Canne de bedeau.* Le velours fauve dont ces cylindres semblent formés se marie de la façon la plus heureuse avec la teinte foncée des panaches de *Phragmites* (*Roseaux à balais*) qui pendent autour du vase.

Au-dessous de ces panaches, on a disposé des *Brizes* en une élégante collerette. La forme en cœur de leurs gracieux épillets leur a valu le nom d'*Amourette*, mais les médisants les appellent *Langue de femme*, à cause de leurs mouvements continuels au plus léger souffle, pour la cause la plus futile.

RÉCRÉATIONS DIVERSES

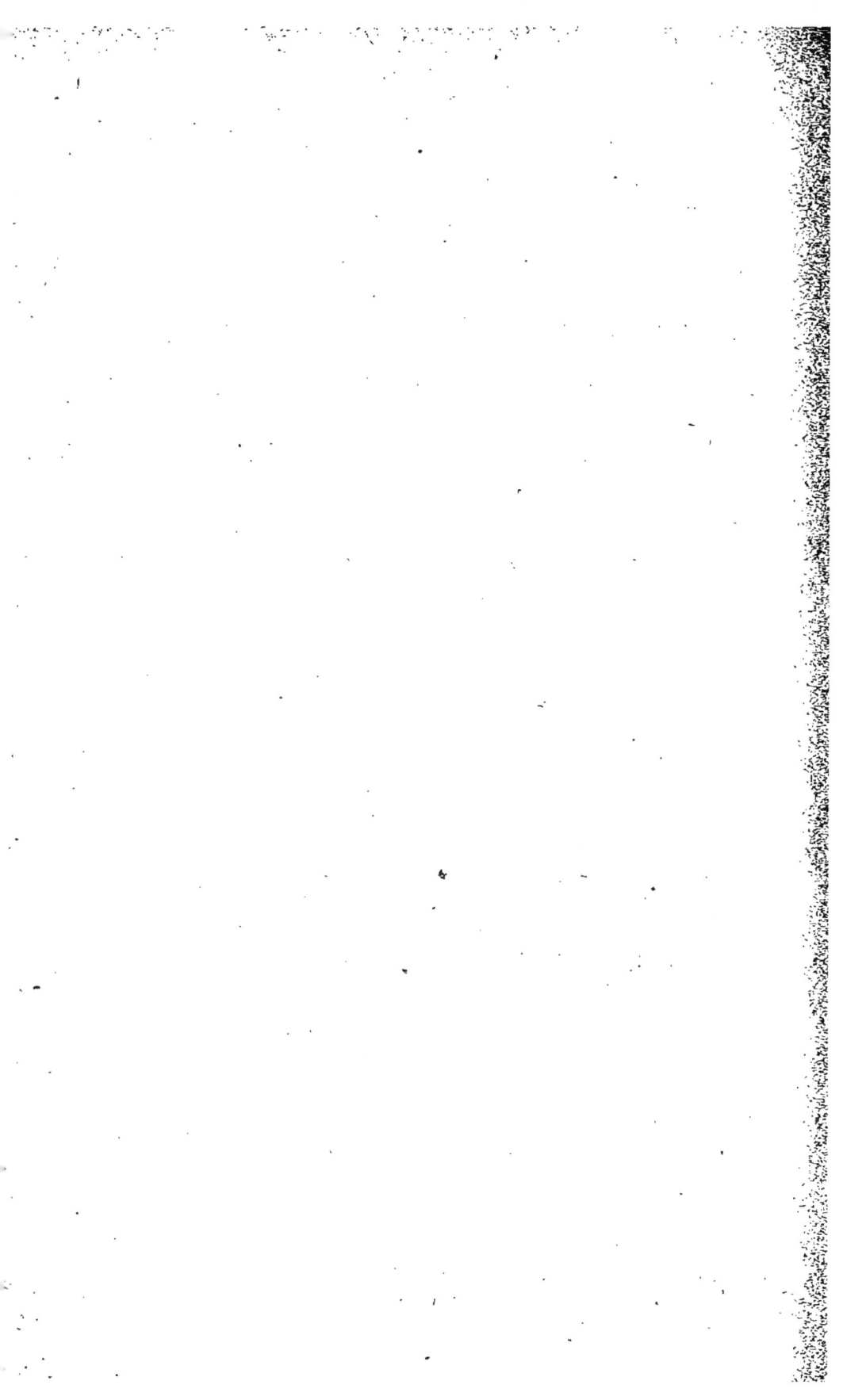

XI

RÉCRÉATIONS DIVERSES

L'AVENIR DÉVOILÉ PAR UNE FEUILLE DE BUIS

Le paysan français est un gardien fidèle des vieilles traditions. Qui pourrait dire à quelle époque lointaine remonte celle-ci, encore conservée dans le Morvan? Le soir de l'Épiphanie quand, après avoir partagé le gâteau des Rois, les habitants d'une ferme, leurs parents et leurs voisins sont tous — pour la longue veillée — groupés autour du poêle, un vieux se lève muni d'un rameau de *Buis*. Un profond silence s'établit, tous les yeux se fixent sur lui.

Il détache une feuille et la place sur le couvercle chaud du poêle. Elle se gonfle comme un ballon, les deux lames qui la forment s'écartant l'une de l'autre (*fig.* 48), se met à tournoyer avec une grande rapidité en se déplaçant sur le couvercle, et finit par éclater avec un léger bruit en même temps que se produit un jet de fumée d'une odeur forte, prenant à la gorge.

Les contorsions auxquelles elle se livre semblent fort amusantes quand on assiste à ce spectacle pour la première fois; mais les paysans superstitieux suivent d'un œil anxieux tous les mouvements de la feuille qui, pour eux, est l'image de la vie.

Le vieil augure a annoncé qu'il la faisait tourner pour le fermier ou pour son fils, ou pour une autre personne. Et la feuille tourne, tourne toujours, pour les présents, pour les absents.

En ce moment, elle tourne pour le gros fermier, maître de céans. Elle est animée d'un mouvement de rotation interminable autour du même point du poêle; sa vitesse est modérée, et elle disparaît sans grand éclat. Allons, tout est pour le mieux ! Le fermier aura une existence longue et bien remplie, qu'aucune crise douloureuse ne viendra traverser; il mourra tranquille dans son lit.

Une autre feuille est posée sur le poêle à l'intention du garçon de ferme. Après un instant d'hésitation, elle se met à tourner avec une extrême vivacité; en même temps, elle se déplace, courant, comme affolée, dans toutes les directions; quelques instants de cette course, puis elle éclate avec bruit. Eh! eh! jeune homme, ceci est l'indice d'une vie agitée et d'une fin violente !

On comprend le parti qu'une personne habile peut tirer de toutes les particularités de cette rotation.

L'air contenu dans la feuille semble en être la cause, il se dilate sous l'action de la chaleur, écar-

Fig. 48. — Rotation d'une feuille de buis sur un poêle chaud.

tant les deux lames qui ont d'ailleurs peu d'adhé-
rence entre elles, puisqu'on peut aisément les séparer avec une lame de canif. Cet air chaud soulève
légèrement la feuille, il s'échappe bientôt par une
petite ouverture amenée par la détérioration des
tissus à cette haute température, et sa sortie active
encore les déplacements.

On réussit également, mais moins bien, avec les
feuilles des Conifères, notamment les feuilles d'*If* et
de *Sapin*. Les feuilles des *Pins* sont trop longues et
et ne sont pas assez larges pour se prêter à cette
récréation.

UN FEU D'ARTIFICE AVEC UNE ÉCORCE D'ORANGE

Les cellules des plantes sont des laboratoires merveilleux où l'amidon, le sucre, les matières grasses sont formées de toutes pièces.

Les corps gras se trouvent principalement, soit dans l'enveloppe du fruit, soit plus souvent encore dans la graine, où ils ont été mis en réserve par la plante prévoyante pour ses descendants.

Le colza, le lin, le pavot, la noix, l'amande, etc., fournissent des huiles employées pour l'alimentation, pour l'éclairage ou pour l'industrie.

La mise en évidence de l'huile dans l'amande peut être faite d'une manière originale, à la fin d'un repas, entre la poire et le fromage. On taille un quartier de poire ou de pomme de façon à imiter un bout de bougie. On coupe dans une amande un petit cylindre, terminé en pointe aux deux bouts, qu'on enfonce dans la bougie improvisée et qui lui servira de mèche. A l'aide d'une allumette, on met le feu à l'amande qui brûle pendant quelques instants avec une flamme blanche très éclairante, dégageant peu de fumée.

Quand on juge que l'expérience a duré assez longtemps pour la plus grande distraction des convives, on peut y mettre fin en avalant la bougie.

On réussit tout aussi bien avec un fragment de noix.

En dehors de ces *huiles grasses*, on trouve dans un grand nombre de plantes, et dans leurs parties les plus diverses, des principes odorants appelés *essences* ou *huiles essentielles*, qu'on distingue aisément des précédentes.

L'huile grasse, en effet, forme sur le papier une tache qui s'étend rapidement, et persiste, tandis que les taches faites par les essences disparaissent bientôt par suite de leur volatilité.

Les essences sont l'objet d'un important commerce, source de richesses pour nos départements du Midi.

La *Rose*, la *Violette*, l'*Héliotrope*, le *Muguet*, en ont leurs pétales imprégnés. Les Labiées doivent leur odeur forte, souvent agréable, à des essences contenues dans les poils qui recouvrent leur tige et leurs feuilles. Chacun de ces poils, au lieu de finir en pointe comme ceux de l'*Ortie*, est terminé par une petite boule qu'on voit aisément à la loupe ; tels sont la *Menthe*, la *Mélisse*, le *Romarin*, la *Sauge*, le *Thym*, etc.

Les fruits n'en sont pas non plus dépourvus, et dans l'un d'eux, et non des moins parfumés, l'orange, nous allons montrer aisément, autrement que par son odeur, la présence d'un liquide volatil, inflammable, ne laissant pas de traces durables sur le papier, d'une essence, en un mot.

Fig. 49.
Inflammation de l'essence contenue dans un zeste d'orange.

19

Le matériel qui nous est nécessaire pour faire cette constatation n'est pas bien compliqué, il se compose d'une bougie allumée.

Pressons le zeste d'une orange — ou d'un citron — entre les doigts, à quelques centimètres de la flamme, on voit jaillir de fines gouttelettes qui prennent feu avec un léger bruit d'explosion produisant dans la flamme, jusque-là paisible, de la bougie, comme un feu d'artifice en miniature (*fig.* 49).

APPLICATIONS VARIÉES DES TIGES DE SUREAU

De toutes les plantes qui composent la gracieuse famille des Caprifoliacées, le Sureau est certainement la plus populaire. On le trouve dans tous les jardins, il fait partie de toutes les haies où ses feuilles découpées apparaissent avant toutes les autres, quelquefois même dès la fin de janvier, — imprudence qu'elles payent de leur vie quand une forte gelée survient. En juin, il étale ses corymbes bien fournis de fleurs blanches odorantes et en automne, ses baies noires, brillantes, lui font encore un ornement.

Le Sureau n'est pas seulement un arbuste agréable, il sait aussi se montrer utile. Ses fleurs, employées parfois pour aromatiser le vinaigre, ont une renommée universelle comme sudorifique; ses fruits, qui donnent au vin une couleur plus foncée, lui communiquent en même temps une légère saveur de muscat; en Suisse, on en fait des confitures dont l'action est bien différente de celle de la gelée de coings. Son écorce, ses racines sont aussi légèrement purgatives. Il n'est pas jusqu'à cette jolie moelle blanche, spongieuse, si abondante dans les jeunes tiges qui n'ait ses usages : les physiciens en font de petites sphères aisément attirables par les corps électrisés; les naturalistes y placent les fragments d'organes dont ils veulent faire des coupes minces pour les études microscopiques.

La présence de cette moelle si tendre, d'une extraction si facile, rend le Sureau propre à la confection d'une foule de jouets rustiques, peu élégants, mais amusants, ce qui, pour un jouet, est l'essentiel. Ainsi, du moins, en jugent les petits bergers et pendant que leurs moutons paissent tranquillement sous la garde du chien, hargneux d'aspect, mais bon enfant, ils en font voir de rudes aux jeunes branches du Sureau qui, entre leurs mains habiles, se transforment en instruments à usages variés.

Et d'abord, ils en font des flûtes. Ils ne font en cela qu'imiter les anciens; le nom scientifique du Sureau, *sambucus,* vient en effet d'un mot grec qui veut dire flûte; d'après cette étymologie, le Sureau est donc par excellence le bois dont on fait les flûtes.

L'opération est aisée et nos petits écoliers en vacances, qui s'ennuient souvent à la campagne, pourront la réaliser sans peine et se procurer ainsi quelques instants de distraction.

On coupe une jeune tige de Sureau d'environ vingt-cinq centimètres de longueur. La moelle entièrement enlevée, on obtient un tube dont on coupe en biseau la plus grosse extrémité. On la ferme

Fig. 50. — L'air, comprimé par le piston, chasse la boule avec
bruit (*page* 298). — En-Bas : Seringue en sureau.

ensuite presque entièrement à l'aide d'un petit morceau de bois, taillé de façon à ne laisser passer
qu'un mince courant d'air. On perce le long du
tube des trous bien ronds, placés à des intervalles
qu'indiquera l'oreille après quelques essais infruc-
tueux, et en avant, la musique !

Les jeunes tiges du Saule, du Lilas, de l'Ormeau,
le chaume des Graminées, le noyau de certains
fruits, fournissent également des instruments plus
ou moins musicaux ; mais où le Sureau n'a pas de
rival, c'est pour la confection de l'instrument de
Molière, tenu en haute estime par le petit paysan,
né malin ; c'est un utile auxiliaire pour ses farces
un peu lourdes.

Avec quelle ardeur il y travaille : il a retiré la
moelle d'une branche de Sureau, grosse comme la
moitié du poignet, destinée à former le corps de cet
appareil éminemment hydraulique ; il en ferme
l'extrémité avec une rondelle de bois traversée par
un brin de paille. Quant au piston, ce sera une
menue branche d'arbre, coupée de bonne longueur,
arrondie au couteau et enfoncée à frottement dur
dans le corps de pompe ; la partie de la branche
non travaillée formera une poignée qui, venant
buter contre le tube, empêchera le bouchon de sau-
ter pendant la manœuvre de l'appareil (*fig.* 50).

Et vous pensez s'il le fait manœuvrer ! Dès son
retour au village, caché derrière une porte ou dans
l'angle d'un mur, avec quel bonheur il asperge d'un

jet d'eau claire les chiens, les chats et surtout ses
camarades, et quelle joie en voyant le chien se
secouer, le chat s'enfuir et l'ami lancer des regards
soupçonneux dans toutes les directions !

Nos jeunes écoliers, d'humeur moins malfaisante
— je me plais à le supposer — pourront modifier
cet instrument qui, du reste, n'est pas sans danger
pour les oreilles de l'instrumentiste si le jet d'eau
vient à se tromper d'adresse. En enlevant le bouchon et son fétu de paille, ils auront un jouet bien
connu, la *canonnière,* dans lequel ils mettront deux
boules d'étoupe légèrement mouillées. L'air, comprimé par le piston, les chassera à tour de rôle
avec un bruit violent (*fig.* 50), seul dommage dont
les oreilles de l'opérateur auront à souffrir.

MÉTHODE PRATIQUE POUR METTRE UN MELON

EN BOUTEILLE

Quand, dans son cours, le professeur de botanique annonce qu'il va parler des *Cucurbitacées*, il
voit infailliblement apparaître un sourire sur les
lèvres des élèves, et, le moment venu de réciter la
leçon, il peut être sûr que, si les caractères de la
famille sont souvent dénaturés de la façon la plus
odieuse, il n'en sera pas de même des noms des
plantes qui la composent et que pas un élève n'ou-
bliera de citer le *Melon* et le *Cornichon*.

L'homme, toujours ingrat, se sert, sans savoir
pourquoi, du nom de ce fruit délicieux, de ce condiment agréable, pour désigner ceux de ses semblables qu'il croit moins intelligents que lui. Ces épi-
thètes malsonnantes ont rejailli sur la respectable
corporation des Cucurbitacées tout entière, tant est
visible l'air de famille de toutes les plantes qui en
font partie.

Leurs feuilles sont alternes, larges, en forme de
cœur plus ou moins régulier; leurs tiges velues,
condamnées par la volonté de l'homme à ramper
lourdement sur le sol, sont capables, à l'aide des
vrilles dont elles sont munies, d'escalader légère-

ment un support; leurs fleurs, jaunes ou verdâtres, ont peu de charme, mais leurs fruits charnus, généralement volumineux, semblent l'image, non de la bêtise, mais de l'abondance et de la bonne santé.

Regardez-les, rangés dans un concours agricole, dans une exposition, partout enfin où l'homme se plaît à réunir les merveilleux produits qu'il a su tirer des végétaux par un travail acharné, ne dirait-on pas quelque imposante assemblée de gros bonnets?

Le *Potiron* y étale son ventre énorme; à côté de lui, la *Citrouille* cherche en vain à se donner de l'importance et des générations de *Concombres* vont s'étageant, depuis les gros jaunes à la peau rugueuse jusqu'aux jeunes *Cornichons* d'un vert éclatant. Plus loin trône l'importante dynastie des *Gourdes;* toutes sont là : la *Gourde de pèlerin* avec ses deux renflements, la *Gourde trompette* et la *Cougourde*, au corps arrondi surmonté d'un long cou. Tout auprès se tient l'odorante confrérie des *Melons* : le *sucrin*, le *Coulommiers* et le délicieux *cantaloup*, que la nature, d'après un auteur facétieux, a pourvu de côtes afin qu'on puisse le manger en famille.

Les Gourdes ne sont qu'une pure curiosité; les Courges, représentées par la Citrouille et le Potiron, ne valent pas le diable; le Concombre a ses défenseurs, mais le Melon a ses fanatiques, et à juste titre.

C'est un fruit sain, rafraîchissant; on peut le

Fig 51. — Développement d'un melon dans une bouteille.

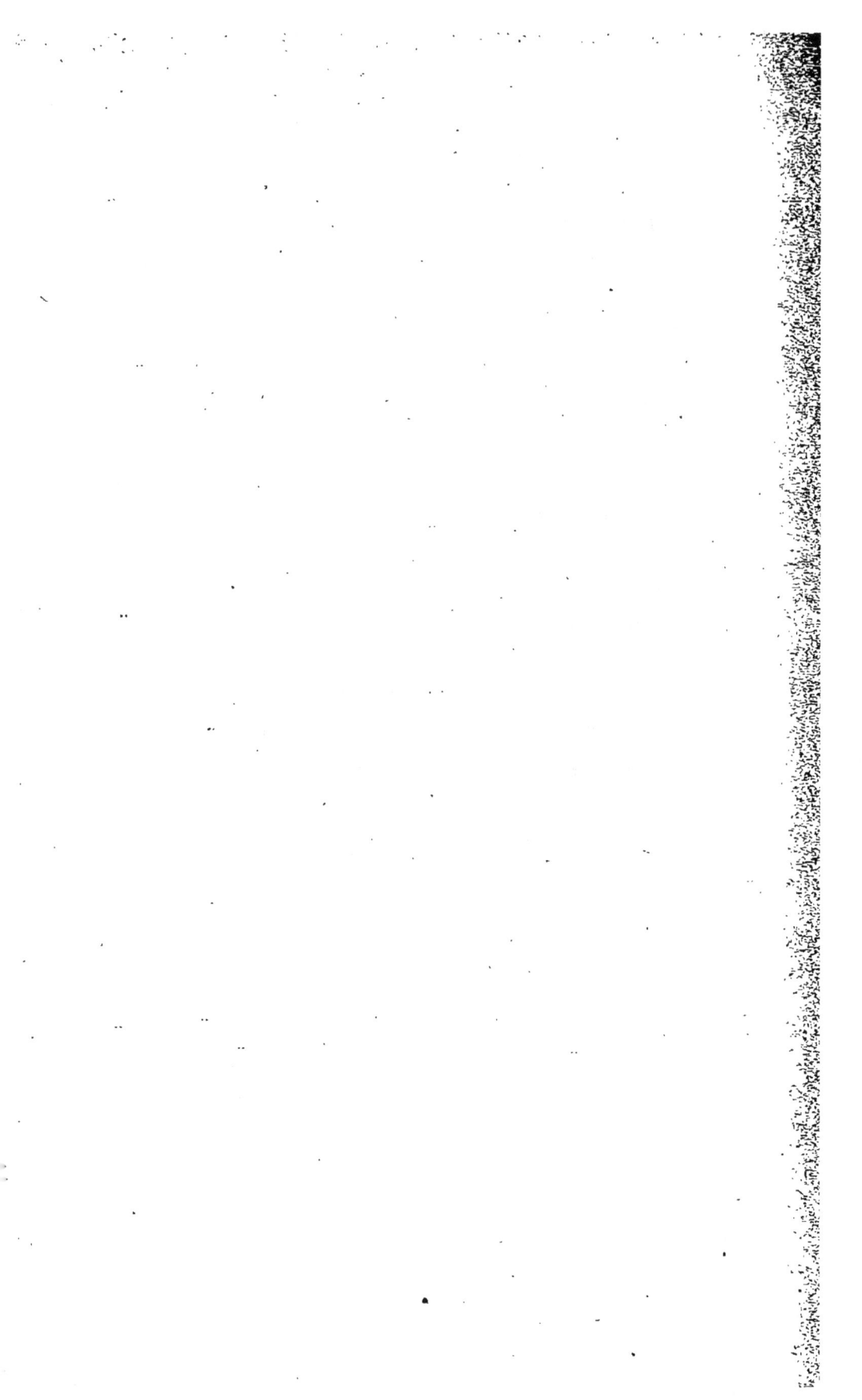

manger solitaire ou en famille, au commencement ou à la fin du repas, avec du sucre ou avec du sel; on peut même le mettre en bouteille et vous pourrez, à la devanture des marchands de liqueurs et de fruits confits, en voir d'énormes contenus dans de grandes dames-jeannes.

On met aisément du vin en bouteille, mais mettre un melon en bouteille, voilà une opération qui semble réellement peu commode quand on considère, d'une part, le ventre rebondi du fruit et, d'autre part, l'étroitesse du goulot!

Rien n'est plus facile cependant. Jugez-en plutôt.

Vous semez des melons sur couche en mars ou en avril; dès que les plants sont levés, vous les repiquez, toujours sur couche; vous les entourez des plus tendres soins et vous voyez apparaître, sur les branches, des fleurs jaunes de deux sortes : les unes, petites, à étamines; les autres, plus grosses, à pistil se transformant bientôt en fruit.

Sur chaque pied, vous supprimez tous les jeunes fruits, sauf un ou deux qui vont maintenant se partager toute la sève. Profitant de sa jeunesse, vous faites pénétrer l'un d'eux dans une grosse dame-jeanne en verre bien clair, dont il franchit le goulot sans difficultés. Vous la couchez sur le sol; elle va jouer le rôle de cloche et concentrer la chaleur (*fig.* 51). On sait, en effet, que la chaleur lumineuse qui a traversé le verre n'en sort plus dès qu'elle est transformée en chaleur obscure.

Dans cette chaude atmosphère, le melon s'accroîtra rapidement et remplira bientôt complètement sa prison. On coupe alors sa queue, on achève de remplir la bouteille avec un liquide conservateur, de l'alcool par exemple; on bouche à la cire et on place sur une étagère (*fig.* 51).

La nature du liquide conservateur n'a aucune importance, puisque le melon n'est pas destiné à être mangé.

LA GRAVURE ÉLECTRIQUE SUR FLEURS

Le goût, on pourrait presque dire l'amour des fleurs, se répand de plus en plus, personne ne saurait s'en plaindre, car leur présence dans un appartement est presque toujours un indice certain d'élégance et de bon goût.

Défendues, à juste titre, dans la chambre à coucher, pour les parfums souvent trop violents qu'elles exhalent et le dégagement abondant d'acide carbonique qu'elles produisent, elles forment la base de l'ornementation du salon et de la salle à manger.

Sur la table, elles sont presque indispensables; leurs brillantes couleurs font ressortir la blancheur éblouissante du linge, leurs corolles découpées se marient de la façon la plus heureuse aux formes délicates des vases de cristal ou de porcelaine dans lesquels elles sont contenues.

Pour orner les menus, les fleurs fournissent au crayon du dessinateur, au pinceau de l'aquarelliste, des sujets d'une grâce sans pareille; ce sont des entrelacements de feuillages découpés, du milieu desquels émergent d'éclatantes corolles; des tiges légères entourées par les rameaux capricieux de la Vigne vierge, du Jasmin et du Chèvrefeuille.

20

Quelquefois même, à la campagne, on substitue au portrait l'original sous forme de petites branches desséchées avec soin entre les feuilles d'un gros livre, et portant quelques fleurs d'une conservation facile, comme les Boutons d'or, la Ficaire, la Violette. On les fixe autour du menu. L'effet produit est charmant si le bon goût a présidé à leur arrangement.

Enfin on peut encore, dans un banquet, utiliser les fleurs d'une façon ingénieuse que nous allons maintenant indiquer.

La matière colorante des fleurs s'altère sous l'action de certains agents chimiques. On peut, par exemple, écrire sur une corolle bleue avec une plume — ou un bout d'allumette — plongée dans un acide, les caractères apparaissent en rouge; inversement, on trace des lettres en vert ou en bleu sur des pétales roses ou rouges avec une plume trempée dans de l'ammoniaque ou dans une solution de cristaux de soude.

Mais il y a un inconvénient à ce procédé; l'action de l'acide ou de l'alcali se propage dans la matière colorante et les caractères, bientôt empâtés, ne présentent plus aucune netteté.

On réussit bien mieux, et l'on obtient un résultat plus durable de la manière suivante.

On fait passer le courant d'une assez forte pile à travers les pétales d'une rose. Pour cela, tenant dans chaque main l'un des fils conducteurs attachés aux

pôles de la pile, on les place à petite distance, chacun d'un côté du pétale et l'on déplace peu à peu
l'un des fils de façon à produire des lettres. Le courant, sur son passage, détruit la matière colorante

Fig. 52.
La gravure électrique sur une rose.

et les caractères apparaissent en blanc sur la fleur.

On peut ainsi marquer la place de chaque convive
par une rose sur les pétales de laquelle est écrit son
nom.

Notre gravure (*fig.* 52) représente l'aspect d'une
de ces roses, sur laquelle on a ainsi écrit le mot :
Électricité.

LES FRUITS A INITIALES

Non content de marquer la place de chacun de ses convives par une rose gravée, un maître de maison, désireux de faire une délicate surprise à ses invités, peut leur servir au dessert des fruits sur lesquels le soleil a écrit leurs initiales.

On sait l'action qu'exerce la lumière sur le développement des matières colorantes; les oiseaux des contrées tropicales ont un plumage autrement brillant que ceux de nos climats; les végétaux maintenus dans une demi-obscurité ont des fleurs sans éclat, sans couleur. Le jardinier qui veut obtenir des salades bien blanches les recouvre, en protège le cœur, pour empêcher la formation de la chlorophylle; le procédé employé pour faire graver par le soleil des initiales sur un fruit n'est pas sensiblement différent.

On choisit autant que possible des fruits qui, à leur maturité, sont doués de couleurs vives — comme, par exemple, certaines espèces de pommes — et lorsqu'ils sont déjà suffisamment gros, on colle à leur surface des lettres en papier se rapportant aux noms des personnes qu'on a l'intention d'inviter à quelque temps de là.

Quand les fruits sont mûrs, on les cueille, on enlève le papier, et les lettres, bien nettes, apparaissent en blanc sur fond rouge, la matière colorante ne s'étant pas développée aux points privés de lumière (*fig.* 53).

On peut aussi faire l'inverse et découper à jour les lettres sur une feuille de papier dont on enveloppe presque entièrement la pomme ou la poire. Les parties éclairées rougissent sur la pomme, brunissent sur la poire et, le papier enlevé, on aura des initiales colorées sur fond blanc.

Il est d'ailleurs évident qu'on arrivera également à un résultat très curieux en collant sur le fruit, au lieu de lettres, des silhouettes de personnages, d'animaux, de fleurs, découpées dans du papier.

Pour assurer la réussite, on recommande souvent d'humecter délicatement, chaque matin, *avant le lever du soleil*, les parties non protégées par le papier, l'humidité amenant une coloration plus intense.

Nous n'osons recommander cette précaution à nos lecteurs que l'aurore, sans doute, surprend souvent au lit; ils peuvent du reste, sans crainte, laisser faire le soleil, complaisant artiste qui opère lui-même et sait fort bien se passer d'un concours étranger.

Fig. 53. — Les fruits à initiales.

LES INSTRUMENTS DE MUSIQUE QUE L'ON PEUT FAIRE SOI-MÊME

Les personnes qui habitent la campagne savent, pour amuser les enfants, confectionner une foule d'instruments plus ou moins musicaux en employant des matériaux tout à fait primitifs, comme l'écorce ou les jeunes pousses des arbres, les noyaux de certains fruits.

Il est difficile, à l'aide de ces instruments, de jouer des airs bien compliqués mais, tels qu'ils sont, ils peuvent procurer quelques instants de distraction et nos jeunes écoliers des villes, peu experts en ces matières, nous sauront gré — nous l'espérons du moins — de leur indiquer quelques-uns des procédés employés par les petits paysans.

Voici d'abord quelques instruments, exécutés à l'aide du chaume des Graminées, qu'il est difficile de ranger dans une catégorie bien déterminée. On coupe une tige verte de Blé ou d'Orge au delà d'un nœud pour avoir une extrémité fermée, l'autre bout du tube étant libre. En faisant une incision longitudinale et en soufflant par l'extrémité libre, on obtient un son strident, imitant, à s'y méprendre, le bruit de certains insectes.

Au lieu de faire une simple incision dans le chaume, on peut y entailler une languette dont la partie vibrante doit être vers le bout libre du tube. En portant à la bouche l'extrémité fermée et en soufflant, on obtient un son nasillard qu'on peut modifier en enfonçant plus ou moins le tube dans la bouche, ce qui fait vibrer une portion plus ou moins grande de la languette (1, *fig.* 54).

En attachant, les uns à côté des autres, plusieurs roseaux fermés par un nœud à leur partie inférieure, ouverts à l'autre extrémité, et dont les longueurs ont été soigneusement calculées, on obtient une sorte de flûte de Pan sur laquelle on pourra jouer de petits airs.

Si l'on désire un mirliton, rien n'est plus facile. Il suffit d'entailler une partie de la paroi d'un roseau en ne laissant que la légère membrane qui en tapisse l'intérieur; on n'a plus ensuite qu'à chanter en nasillant par le bout ouvert du tube.

Passons maintenant au sifflet; les procédés ne manquent pas pour confectionner cet instrument si simple. Tout le monde connaît celui qui consiste à détacher, d'une jeune tige de Saule ou de Lilas en sève, une rondelle d'écorce assez longue qu'on taille en biseau à son extrémité et dans laquelle on pratique sur une même ligne deux ou trois petites ouvertures circulaires. On replace l'écorce ainsi travaillée sur la tige coupée en biseau et légèrement entaillée à sa partie supérieure; en soufflant

Fig. 54. — Jeune berger soufflant dans un hautbois.

1. — Instrument confectionné avec un fétu de paille. — 2. Sifflet en tige de Lilas. — 3. Le noyau-sifflet. — 4. Hautbois en écorce.

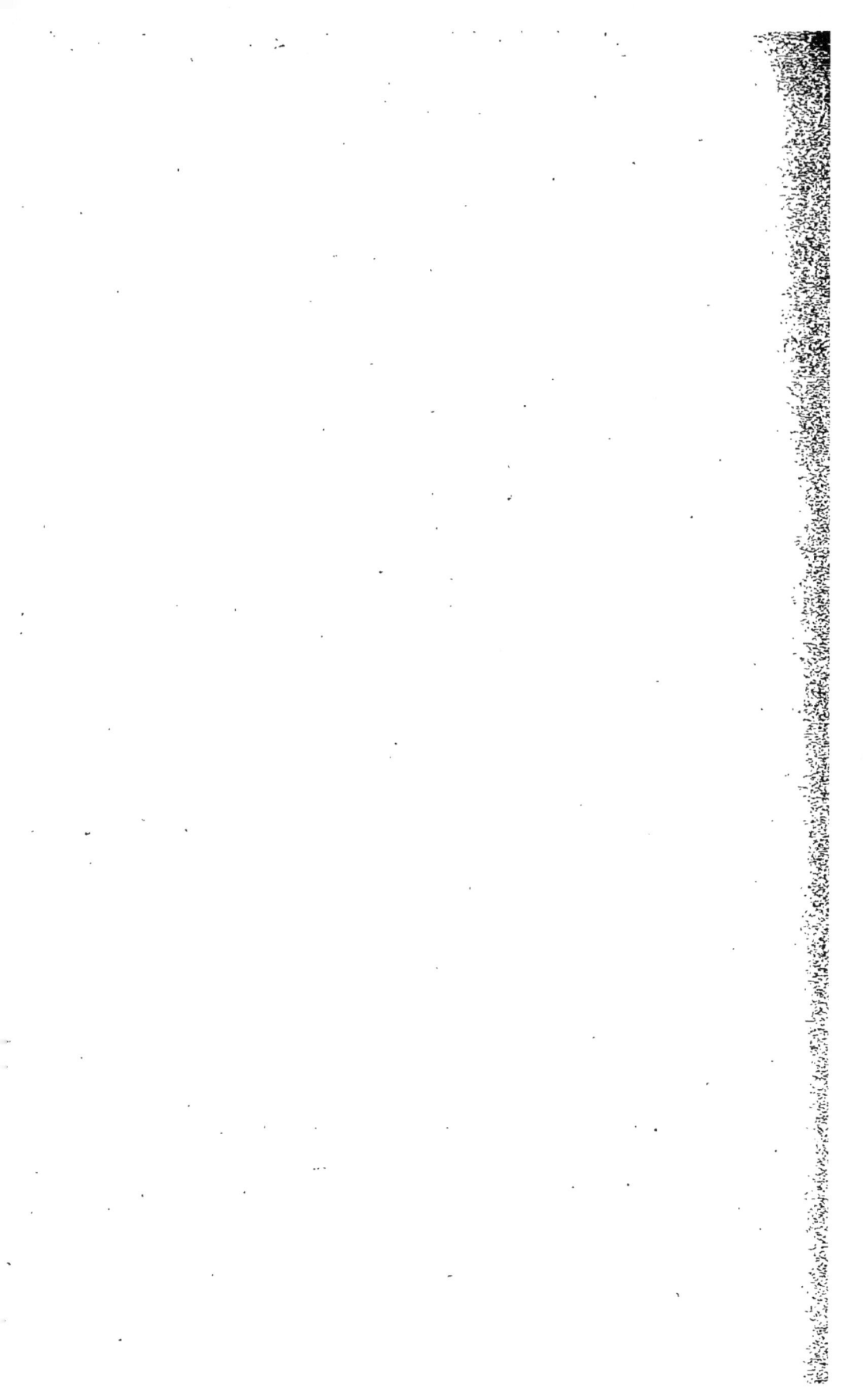

par l'entaille, on produit des sons très aigus
(2, *fig.* 54).

Un sifflet encore très employé est celui qu'on
peut fabriquer à l'aide d'un noyau de pêche ou
d'abricot. On perce un trou au milieu de chacune
des faces et avec la pointe d'un canif on enlève peu
à peu toute l'amande. En portant à la bouche le
noyau ainsi préparé et en soufflant avec force dans
l'une des ouvertures, on produit des sons d'une
violence extrême qui peuvent être entendus à une
grande distance (3, *fig.* 54).

Mais l'idéal du genre est la confection d'un hautbois. On coupe une branche de Saule, de Hêtre, etc.,
un peu plus grosse que le pouce et d'un mètre de
longueur environ, et l'on entaille son écorce de
façon à la détacher en une longue bande spirale
qu'on enroule sur elle-même et qu'on fixe avec des
épines; on en forme ainsi un cornet. D'un autre
côté, on détache un tube d'écorce — comme on l'a
déjà fait pour fabriquer un sifflet — on en amincit
les bords qu'on aplatit de façon à les rapprocher
l'un de l'autre. On introduit alors l'extrémité non
travaillée de ce tube dans le petit bout du chalu-
meau (4, *fig.* 54). En pratiquant des trous de distance en distance sur le cornet, on peut modifier
quelque peu les sons énergiques qu'on tire de cet
instrument.

LA COLORATION ARTIFICIELLE DES FLEURS

Les fleurs colorées soumises à l'action des vapeurs d'alcali volatil deviennent vertes ou bleues, tandis qu'elles prennent une belle teinte rouge si on les expose à des vapeurs acides, comme celles de l'acide chlorhydrique. Il est tout aussi facile de décolorer des fleurs en les plaçant humides dans un cornet de papier qui recouvre une assiette contenant du soufre en combustion[1]. En combinant ces divers procédés chimiques on peut obtenir, par exemple, un bouquet de Violettes à quatre couleurs : les unes *violettes*, leur couleur naturelle, les autres *blanches*, tandis que l'autre partie du bouquet est formée de Violettes *rouges* et *vertes*.

Un véritable procédé de teinture avec emploi de mordant consiste à mettre des fleurs coupées dans une dissolution faible de carbonate de potasse, puis à les laver à l'eau pure pour enlever l'excès du sel alcalin qui agit comme mordant. On les plonge ensuite dans de l'eau colorée par un sel d'aniline et la plante en sort teinte.

Il n'est pas difficile de varier les couleurs, car

---

1. Voir : *La Chimie amusante*, par F. Faideau (Librairie illustrée).

avec les dérivés de l'aniline le choix est immense.

Mais tous ces procédés ont l'inconvénient de faner la fleur, ils ne valent pas la méthode dont nous allons maintenant parler.

Au commencement de l'hiver dernier, on vit apparaître chez les fleuristes de superbes Œillets verts. Cette magnifique variété, inconnue jusque-là, se vendit jusqu'à 5 francs les premiers jours; puis bientôt, la concurrence aidant, le prix en devint plus abordable aux petites bourses, on eut plusieurs de ces fleurs remarquables pour quelques sous.

En même temps apparurent des Narcisses, des Iris, des Camélias verts, violets ou roses.

On fit des recherches pour savoir à qui était dû ce merveilleux procédé qu'on attribua d'abord à quelque habile chimiste. Il fallut bientôt en rabattre, car s'il faut en croire le journal *Le Temps*, la découverte serait le fait du hasard.

« Deux femmes travaillaient à la coloration des fleurs artificielles. Un jour, l'une d'elles versa, par mégarde, dans un verre où trempaient des tiges d'Œillet blanc, la matière dont elle se servait pour teindre en vert des sépales de Rose. Quelle ne fut pas sa surprise quand elle remarqua que ses Œillets, perdant leur blancheur, prenaient peu à peu une couleur verte! Elle examina le liquide où ils baignaient et reconnut alors sa méprise.

« Voilà l'origine des Œillets verts. Le hasard est vraiment un grand inventeur. »

La méthode est donc bien simple. On fait dissoudre dans l'eau du *vert malachite*, du *bleu* ou du *violet de méthyle,* de l'*acide picrique,* de la *fuchsine* ou de l'*éosine* suivant la teinte qu'on désire obtenir, et on trempe dans la liqueur l'extrémité des tiges fraîchement coupées. Il est même bon d'y pratiquer, au préalable, quelques incisions. L'eau monte dans la tige et, avec elle, la matière colorante. La nervure principale se colore d'abord, puis les bords externes des pétales; peu à peu la coloration s'étend sur toutes les parties exposées à l'air.

Fig. 55. — Coloration de fleurs plongées dans une bouteille d'encre rouge.

Si la méthode est simple, l'explication est assez difficile à donner; cependant, comme les organes internes des plantes possèdent des propriétés réductrices, il est probable que la matière colorante se trouve d'abord réduite à l'état de dérivé incolore dans le trajet qu'elle est forcée d'effectuer à travers la tige, puis réoxydée par l'air en arrivant dans les pétales. L'absence de coloration que présentent les parties de la plante qui ne se trouvent pas en contact avec l'air, tendrait à confirmer cette opinion.

Chose plus remarquable encore, il semble que les différentes matières colorantes ne suivent pas toutes le même chemin dans la tige : si l'on plonge une tige d'Œillet dans une solution contenant un mélange de vert malachite et d'éosine, on aura une fleur panachée en rose et en vert, dans laquelle chacune de ces teintes sera absolument pure.

A ceux de nos lecteurs qui voudraient obtenir de ces fleurs étranges, sans s'embarrasser de tout un attirail de couleurs d'aniline, nous recommandons la méthode suivante employée depuis longtemps par les écoliers.

Ils font prendre, en quelques heures, une teinte rose tendre, d'une délicatesse extrême, à des Narcisses, à des Primevères, à des Lilas, en les plongeant tout simplement dans un petit encrier contenant de l'encre carminée (*fig.* 55).

Dès que les fleurs sont colorées par ce procédé si simple, on les met en bouquet dans l'eau pure pour les conserver fraîches pendant un temps plus long.

VARIÉTÉS

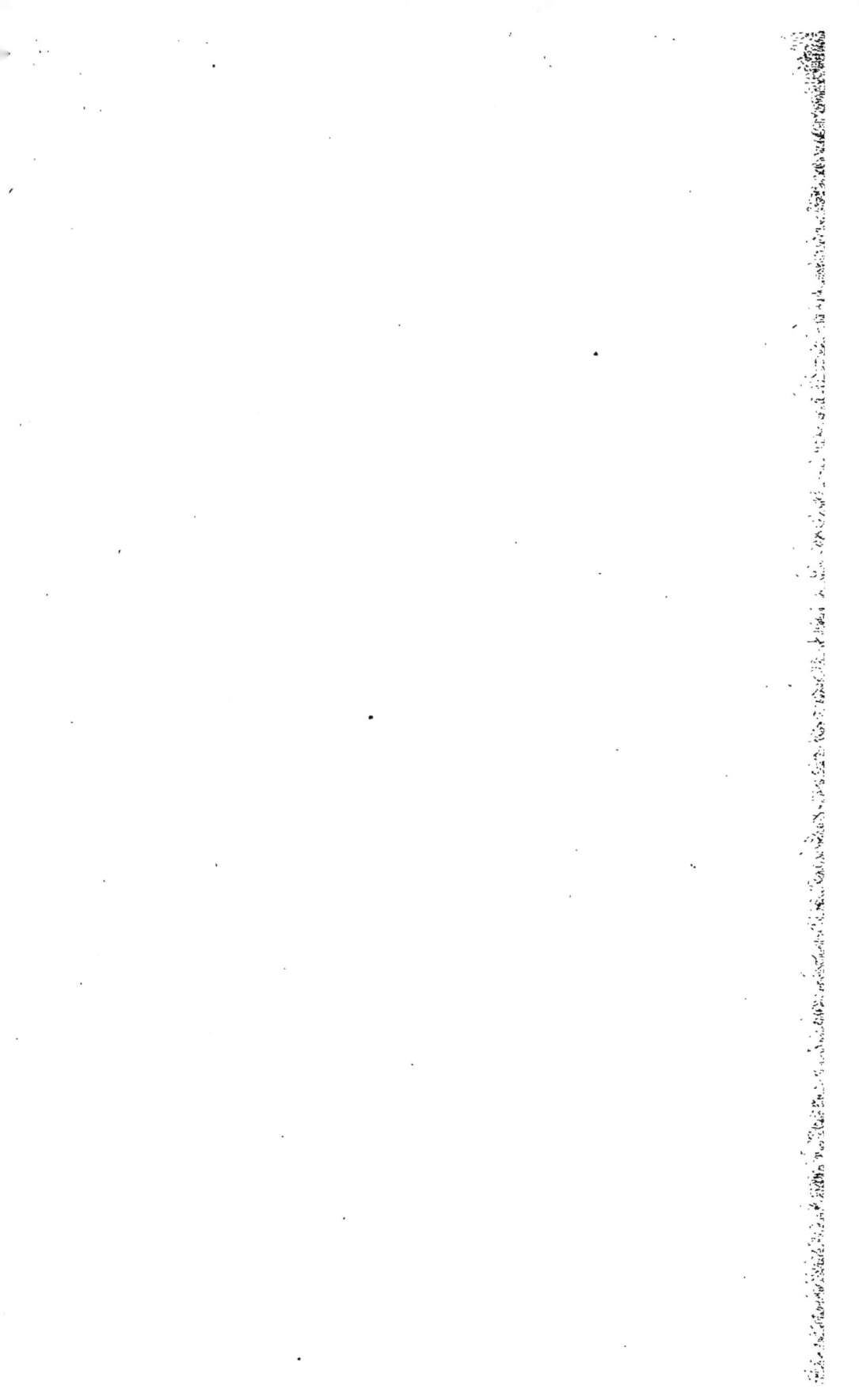

XII

VARIÉTÉS

~~~~~~~~~~

LES FLEURS QUE L'ON MANGE

Les plantes fournissent à l'homme un grand nombre d'aliments précieux : les unes par leurs feuilles ou leurs racines, d'autres par leurs tiges aériennes ou souterraines, d'autres enfin par leurs graines ou leurs fruits.

Dans cette rapide énumération des différentes parties comestibles des végétaux, nous ne voyons pas figurer les fleurs.

La plupart possèdent cependant de petites glandes à position très variable, qui distillent un liquide sucré ou *nectar*, fort agréable, si l'on en juge par l'avidité que mettent les insectes à s'en emparer, mais il est en si petite quantité qu'eux seuls peuvent en trouver assez pour satisfaire leur appétit.

Les petits paysans connaissent les *Nectaires* presque aussi bien que les insectes. Ils séparent de leur calice les corolles de la Sauge, de la Mauve, du

Chèvrefeuille, de la Primevère, etc., pour aspirer par l'extrémité du tube une gouttelette sucrée; mais c'est là un simple divertissement.

N'y a-t-il donc pas de fleurs que l'on puisse manger?

Il en est quelques-unes, et encore exigent-elles au préalable une préparation spéciale. Nous allons les passer en revue.

Les belles fleurs odorantes du *Nénufar jaune* (*Nuphar luteum*), ornement des étangs et des rivières pendant tout l'été, servent dans l'est de la France et en Allemagne à fabriquer des confitures agréables au goût, mais légèrement narcotiques.

Les pétales de la *Rose*, les *Violettes*, les *Jasmins*, nous arrivent de l'Orient et de l'Italie sous forme de confiseries.

Dans le *Chou-fleur* nous mangeons un nombre immense de jeunes fleurs avant leur épanouissement. L'*Artichaut* n'est autre chose que l'inflorescence non encore ouverte de la *Cynara scolymus;* là nous rejetons, au contraire, soigneusement les fleurs, dont l'ensemble forme ce que l'on appelle vulgairement le *foin,* pour manger le réceptacle floral ou *fond* et la base des bractées.

Mais voyez avec quel soin le cuisinier que représente notre gravure (*fig.* 56) confectionne des beignets d'*Acacia*. Auprès de lui sont des grappes de fleurs de l'Acacia blanc ou Faux-Acacia, si commun sur le bord des routes et dans les jardins; avant de

Fig. 56. — La confection des beignets d'acacia.

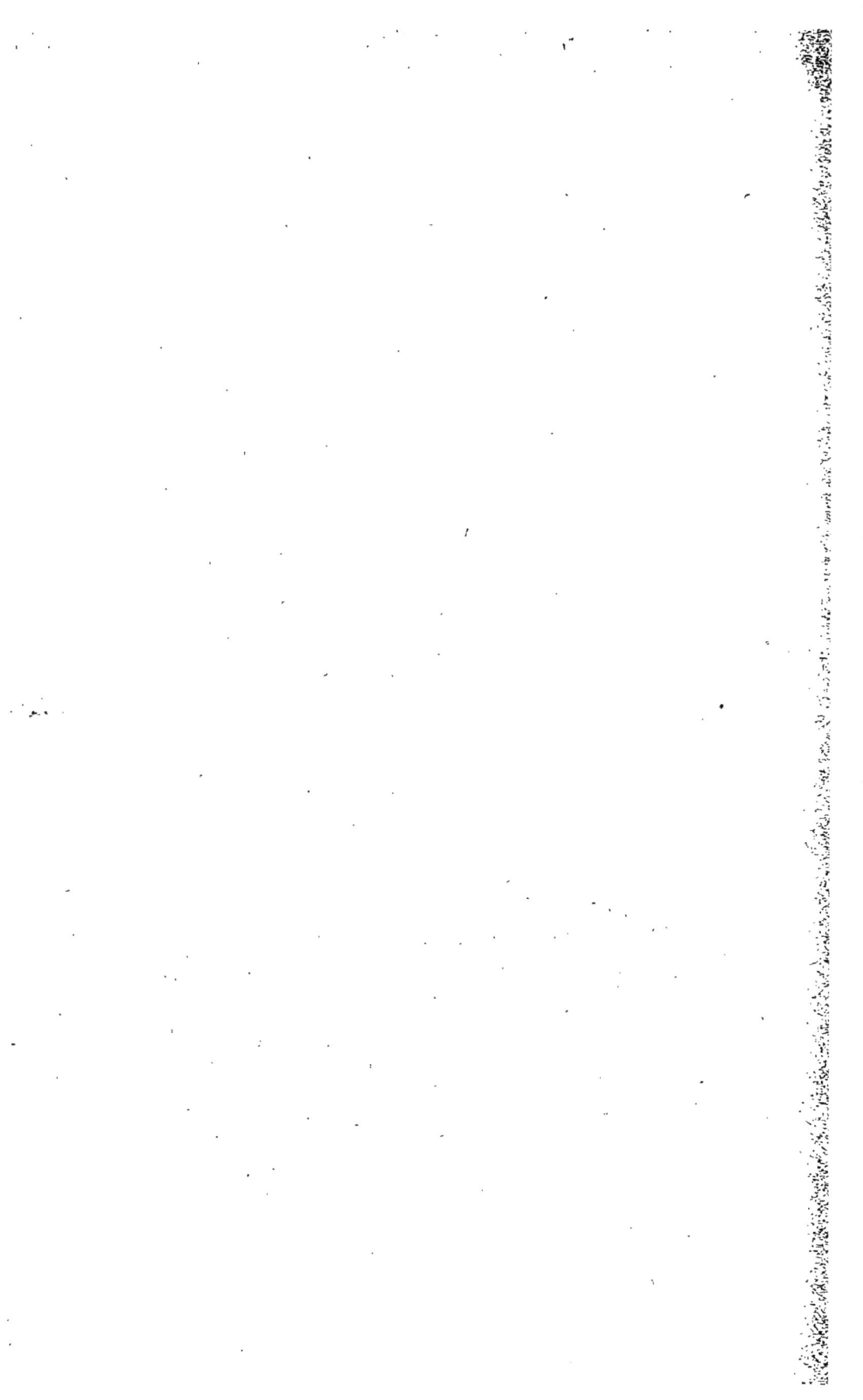

les employer il enlève les pédoncules, qui donne-
raient aux beignets un goût amer fort désagréable.

Sur la table voisine est une salade toute préparée qui
n'attend plus que sa garniture de fleurs de *Capucine*.
Ces jolies fleurs, après avoir orné le balcon ou les fenêtres pendant quelques jours, trouveront là un utile
emploi; leur saveur a quelque analogie avec celle du
cresson et elles sont douées, comme lui, de propriétés dépuratives. Ce sont les seules fleurs que l'on
puisse manger sans préparation; beaucoup de personnes les cueillent à même la plante et les mangent avec plaisir. — Dans la salade, on les remplace
quelquefois par les belles fleurs bleues de la *Bour-
rache*.

Les *Clous de girofle*, les *Câpres* sont les fleurs en
bouton du Giroflier et du Câprier. On emploie aussi
comme condiment, après un séjour dans le vinaigre,
les inflorescences et les tiges d'une Ombellifère, le
Percepierre ou *Criste - marine*, très commune en
France sur les côtes de l'Atlantique, où elle croît
parmi les galets du rivage. Une Crucifère qu'on
trouve dans les mêmes lieux, la *Crambe marine*,
fournit des inflorescences qu'on mange comme celles
du Chou-fleur.

La *Figue* est plutôt une inflorescence qu'un fruit;
la partie comestible en est formée par les bractées
soudées de l'*involucre*, devenues charnues par la
maturation.

Enfin, remarquons pour terminer que dans les

Champignons nous ne mangeons que le *pied* et le *chapeau*, organes correspondant à la partie florale des plantes Phanérogames. En donnant le nom de Champignon à cette partie du Cryptogame — à vrai dire la seule visible et énorme par rapport à la plante proprement dite ou *mycélium* — nous commettons la même faute de langage que celle que nous ferions en désignant une Poire par le nom de Poirier.

LES FORMES ANIMÉES DANS LES PLANTES

Une étude, même peu approfondie, des formes extérieures des végétaux, permet aisément de découvrir, dans leurs différentes parties, des ressemblances frappantes avec une foule d'objets connus.

Qui n'a remarqué le petit parapluie qui surmonte la graine du *Pissenlit* et du *Salsifis des prés*, la crosse authentique formée par les jeunes feuilles des *Fougères*, la petite sandale des fleurs de la *Calcéolaire* et la belle pipe allemande qui sert de fleur à l'*Aristoloche siphon?*

Les Orchidées, ces singes du monde végétal, comme les a appelées M. Grimard, ont des fleurs qui reproduisent toutes sortes d'objets inanimés : « ce sont des pantoufles mignonnes, des lampes fantastiques, des berceaux lilliputiens, des corbeilles, des gobelets, des cassolettes, des girandoles, et, pour représenter tous ces objets, toutes les matières sont également imitées, depuis la soie et le velours jusqu'aux métaux et aux pierres fines : acier blanc, bronze fauve, argent niellé, or éclatant, topaze, émeraude et rubis. »

Dans le règne végétal, les formes animées sont

tout aussi fréquentes. Les chatons du *Peuplier noir* tombés sur le sol ont l'air, parmi les feuilles jaunies du dernier automne, d'énormes chenilles rouges, velues, à poils blancs, dont le promeneur se détourne parfois; la graine du *Ricin* (1, *fig.* 57), avec ses veinules disposées comme des sillons d'élytre, ressemble à un petit coléoptère, et celle des *Stellaires*, un peu grossie (2, *fig.* 57), imite, avec ses nombreuses papilles, une chenille enroulée.

Deux plantes de la famille des Légumineuses, le *Lotier corniculé,* dont les jolies fleurs jaunes, légèrement odorantes, ornent les prés pendant toute la belle saison et l'*Ornithrope délicat,* si commun sur le bord des routes, ont des gousses en chapelet, écartées les unes des autres par trois ou quatre, avec des allures de patte d'oiseau. Aussi le paysan, qui ne nomme les plantes qu'à bon escient et donne aux mêmes choses les mêmes noms, a-t-il appelé la première *Pied-de-poule* et la seconde *Pied-d'oiseau.*

Jetez maintenant un coup d'œil sur la figure 3 (*fig.* 57). Vous vous demanderez ce que vient faire là l'aigle double du drapeau autrichien?

Quand, en été, vous irez en forêt, vous rencontrerez souvent des massifs entiers d'une Fougère dont les grandes feuilles finement découpées — qu'on prend parfois, et à tort, pour des tiges munies de plusieurs feuilles — ont fréquemment plus de

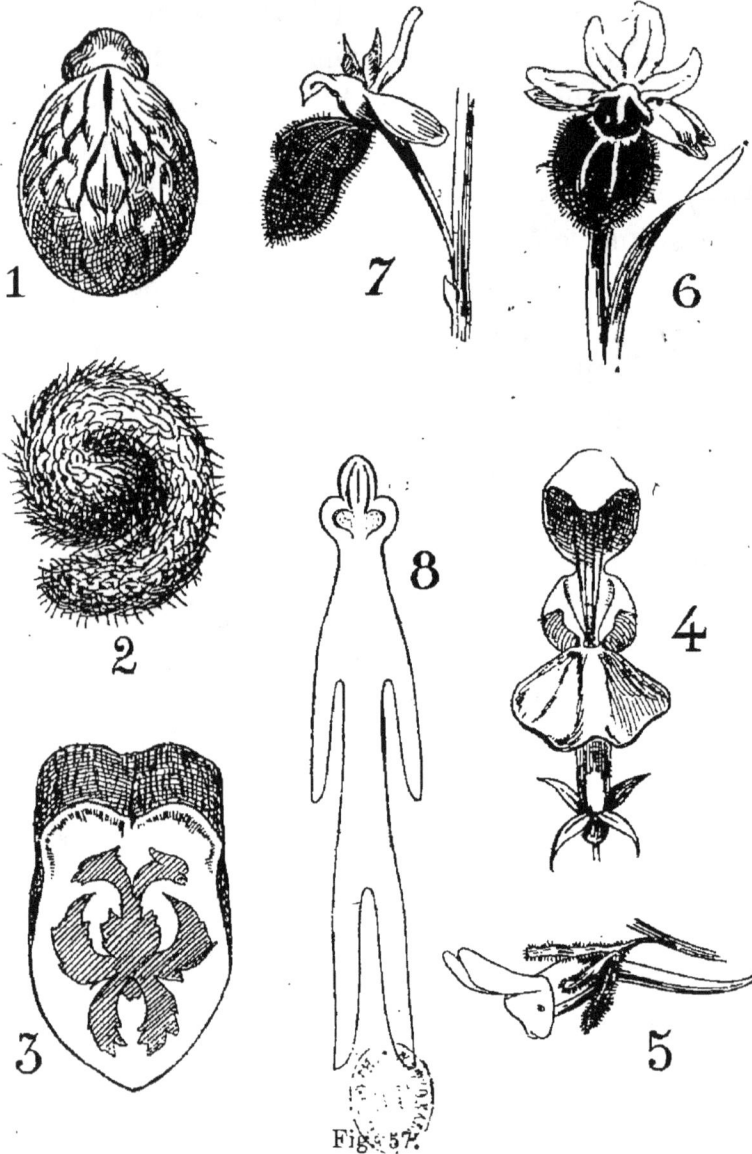

Fig. 57.

1. Graine de Ricin. — 2. Graine de Stellaire très grossie.
3. Coupe du pétiole de la Fougère aigle. — 4. La fleur du Lamier blanc.
5. Fleur de Linaire. — 6. Fleur de l'Ophrys Abeille, vue de face.
7. La même, vue de profil. — 8. Lamelle de l'Aceras homme-pendu.

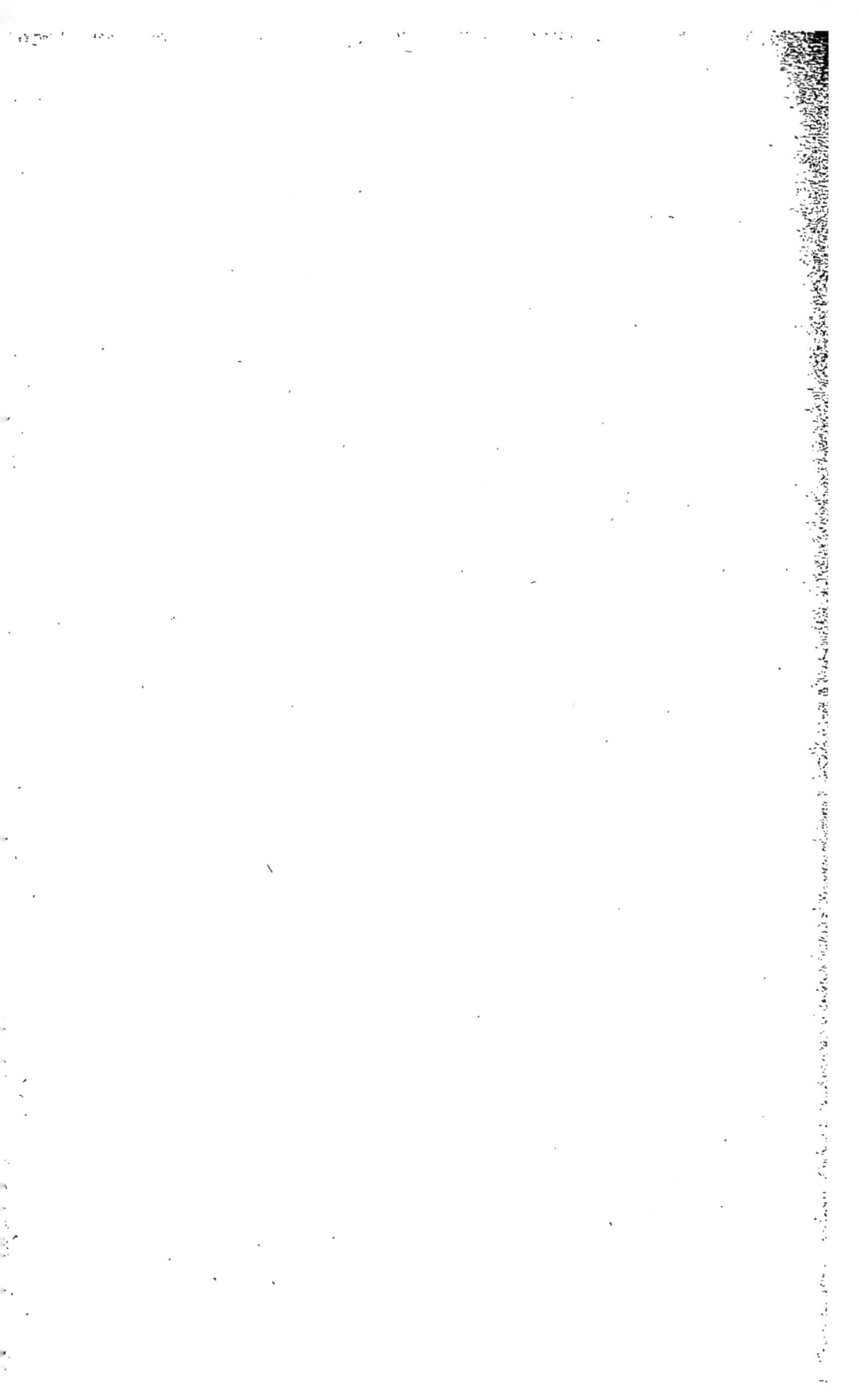

deux mètres de hauteur. Coupez près du sol le pétiole général d'une de ces feuilles gigantesques; si la section est nette vous apercevrez, formées par les vaisseaux, les armoiries représentées par notre gravure. Elles ont fait donner à la plante le nom de Fougère aigle (*Pteris aquilina*).

La vue de certaines fleurs cause aussi parfois une grande surprise par l'image animée qu'elles évoquent et une vive admiration pour les procédés qu'emploie la nature afin d'arriver à des effets bizarres dont l'intention nous échappe.

D'avril en octobre et partout, dans les fossés, sur le bord des chemins, à l'orée des bois, mélangé à l'Ortie, dont il a les feuilles, mais non les poils aux caresses perfides, vous trouverez le *Lamier blanc*. Sa tige est carrée; ses fleurs blanches, sans pédoncule, groupées en couronne sous les feuilles, sont peu apparentes bien qu'assez grandes. Arrachez l'une d'elles, que vous choisirez vers le milieu de la tige de façon que ses deux lèvres soient écartées, mais non trop, et regardez.

Au fond d'une sorte de capuchon d'une profondeur mystérieuse deux yeux noirs brillent, fixés sur vous; c'est le regard de quelque sorcière cherchant sur qui jeter un sort. La *lamie* des anciens, ce monstre, à corps de serpent et à tête de femme, qui dévorait les petits enfants, a servi de marraine à la plante. Le capuchon est formé par la lèvre supérieure de la fleur, les yeux par les anthères foncées, très rapprochées, des quatre étamines (4, *fig.* 57).

Toutes les fleurs des Légumineuses ont plus ou moins l'allure de papillons dont les ailes sont colorées des plus riches teintes.

Un grand nombre de plantes de la famille des Scrofularinées ont des fleurs en forme de masque antique ou bien encore de mufle d'animal comme le *Muflier des jardins* ou *Gueule-de-loup*.

Les fleurs des *Linaires*, vues de profil, sont de véritables petites têtes de lapin surmontées de leurs deux oreilles, formées par la partie supérieure de la corolle, et dont la disposition et la longueur pourraient presque permettre de déterminer l'espèce à laquelle appartient la plante (5, *fig.* 57).

Dans la *Linaire cymbalaire*, les oreilles sont de bonne grandeur, gentiment écartées de la tête, comme celles d'un lapin qui se laisse vivre et ne pense qu'à brouter ses choux; dans la *Linaire couchée*, elles sont énormes et semblent surcharger l'animal qui penche mélancoliquement la tête; petites, très écartées l'une de l'autre, comme agitées, elles semblent, dans la *Linaire striée*, manifester la plus vive inquiétude; enfin, la *Linaire vulgaire* les a ramenées sur le devant de la tête, dans l'attitude du lapin songeur que préoccupe la solution de quelque grave problème.

Mais c'est pour la fleur des Orchidées que la

nature a réservé ses combinaisons les plus origi-
nales. Avec un calice formé de trois pièces et une
corolle à trois pétales dont l'inférieur très grand ou
labelle est extrêmement variable, elle parvient à
représenter les animaux les plus gracieux ou les plus
fantastiques. On trouve en France, de mai en juillet, dans les prés, dans les bois, l'*Orchis Mouche-
ron*, l'*Ophrys Frelon*, l'*Ophrys Araignée*, l'*Ophrys
Mouche*, dont les noms indiquent suffisamment les
ressemblances; le *Loroglosse à odeur de bouc*, dont
la hampe élevée, couverte de fleurs au labelle
découpé, semble un mât garni d'oriflammes multicolores que fait flotter une brise légère.

Les fleurs de l'*Ophrys Abeille*, vues de face, ressemblent à de gros bourdons dont les ailes sont
formées par les sépales latéraux et les deux pétales
roses, le thorax par le stigmate et l'anthère, l'abdo-
men par le labelle (6, *fig.* 57). Si l'on regarde la
fleur de côté, on éprouve une nouvelle surprise :
l'anthère et le stigmate soudés font saillie au milieu
et figurent un petit oiseau dressé sur le bord de son
nid (7, *fig.* 57).

Enfin l'*Aceras homme-pendu*, Orchidée assez
rare qui fleurit en été dans les prés secs et dans
les bois, doit trouver place dans cette rapide
revue des fleurs à formes animées. Sa tige florale
est une sorte de potence à laquelle sont pendus
des pantins macabres que le moindre vent fait
s'entre-choquer.

22

Cette apparence curieuse est due au labelle (8, *fig.* 57) qui semble un de ces bonhommes grotesques que, les jours de pluie, les enfants s'amusent à découper dans du papier.

LES SYMPATHIES DES PLANTES

Certaines plantes s'accommodent de toutes les circonstances et végètent dans toutes les conditions.
Tel est le *Pissenlit*, il est répandu partout ; dans
les prés, dans les bois, au bord des eaux, au sommet
des murs, le long des routes, on aperçoit, suivant
la saison, ses gros capitules jaunes ou ses fruits
réunis en une boule d'une délicatesse extrême et
d'une blancheur éclatante.

Mais, généralement, les plantes sont plus exi-
geantes et choisissent avec soin le terrain qui leur
convient et l'exposition qui leur est le plus favorable.

Les *Caryophyllées* se plaisent dans les terres
sablonneuses ; le *Pavot*, la *Sauge*, la *Mélampyre*, la
Brunelle, le *Silène enflé*, etc., dans les terres cal-
caires ; il faut des terrains schisteux à la *Digitale
pourpre* et de l'argile à l'*Yèble*, à la *Saponaire*, etc.

La *Violette*, la *Sylvie*, la *Ficaire*, aiment l'ombre
discrète et la fraîcheur des bois ; il faut à la *Chicorée sauvage* la plaine aride, desséchée par les brû-
lants rayons du soleil ; aux *Renoncules*, un terrain
humide ; la *Giroflée*, la *Linaire cymbalaire*, les
Saxifrages, se plaisent dans les fentes des murs, et,
à travers les barrières des terrains vagues, on est

toujours sûr d'apercevoir les hampes élevées du *Bouillon blanc* et de la *Gaude,* les capitules multicolores des *Cirses* et des *Chardons,* les boules à aiguillons de la *Bardane,* les fleurs de la *Mauve* et de la *Vipérine.*

Certaines plantes, sombres d'aspect, croissent toujours solitaires, loin des habitations. Telle est l'*Hellébore fétide;* d'autres, qu'on a appelées *plantes sociales,* sont toujours en bandes nombreuses : les *Scabieuses,* les *Marguerites,* les *Colchiques* dans les prairies, les *Bleuets,* les *Coquelicots,* les *Nielles* dans les blés, les *Orties,* les *Pariétaires,* les *Renouées* autour des maisons du village.

Ce sont là des sympathies plus apparentes que réelles qui peuvent être expliquées par les besoins des plantes et par le phénomène de la dissémination des graines; mais ce qui est bien autrement curieux, c'est l'affection ou l'aversion que certaines plantes manifestent les unes pour les autres et dont l'agriculture a su déjà tirer parti dans quelques cas.

Sur le bord des ruisseaux, les grappes purpurines de la *Salicaire* (5, *fig.* 58) sont toujours placées dans le voisinage des *Saules,* et il n'y a cependant entre ces deux plantes aucun parasitisme. D'autres plantes, au contraire, semblent avoir une profonde aversion les unes pour les autres; ainsi le *Lin* languit et meurt dans le voisinage de la *Scabieuse.*

Quelle est la raison de ces faits singuliers? On les explique aujourd'hui par les produits d'excrétion

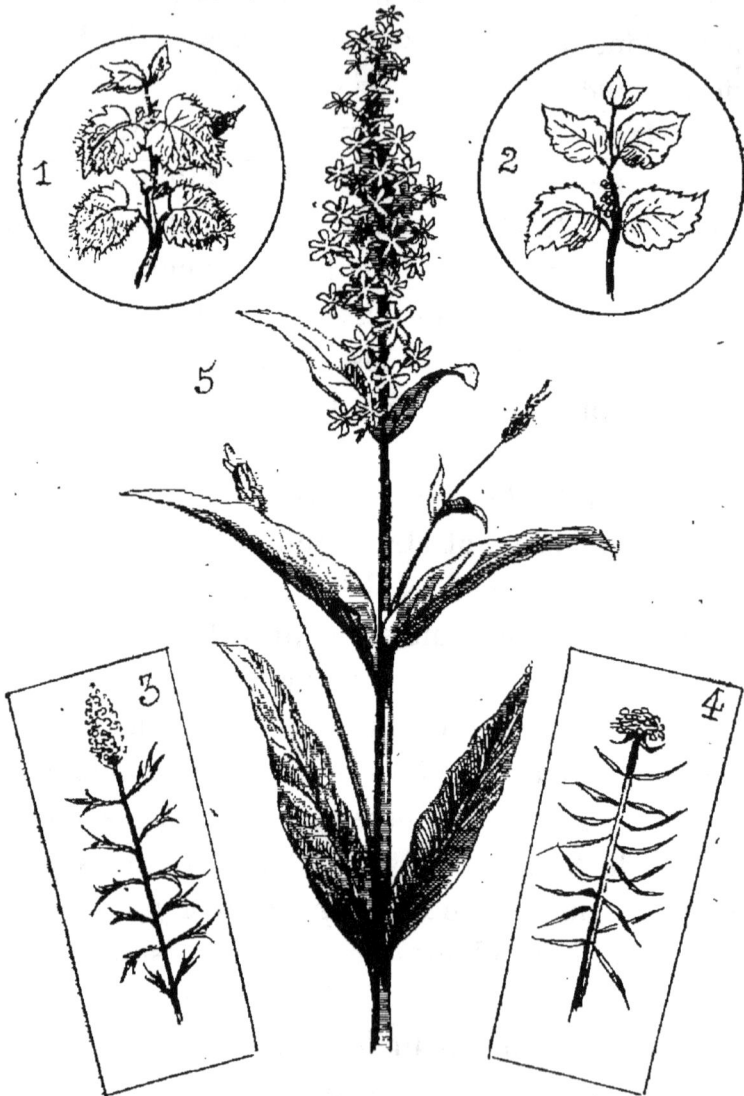

Fig. 58.

1. Le Lamier blanc. — 2. L'Ortie. — 3. La Bugle jaune.
4. L'Euphorbe petit cyprès. — 5. La Salicaire.

que rejettent les racines; ces produits, favorables au développement d'un petit nombre d'autres plantes, constituent, pour le plus grand nombre, un poison violent.

Nous laisserons de côté l'amitié quelque peu intéressée du *Gui* pour le *Pommier* ou le *Peuplier*, de l'*Orobanche* pour le *Thym* ou la *Germandrée*, de la *Cuscute* pour la *Luzerne*, amitié fort discutable, dans le genre de celle du moustique pour l'homme dont il aspire le sang, et nous arriverons à un autre ordre de faits plus intéressants, connu sous le nom de *mimétisme*.

Le mimétisme est le phénomène par lequel certaines plantes, dépourvues de moyens de défense, imitent d'autres végétaux protégés d'une façon efficace par des poils à venin ou par un suc âcre. Le cas de mimétisme le plus parfait chez les végétaux est celui du *Lamier blanc* (1, *fig.* 58) et de l'*Ortie* (2, *fig.* 58). Ces végétaux appartiennent à deux familles botaniques très éloignées l'une de l'autre, mais on les trouve toujours réunis dans les endroits incultes; bien que leurs fleurs soient très différentes, ils ont le même port et leurs feuilles sont semblables. Beaucoup de personnes, trompées par cette ressemblance, n'osent toucher au Lamier blanc de peur de se faire piquer; il en est de même des animaux; ainsi se trouve protégée cette plante inoffensive.

La ressemblance est frappante entre le *Chrysan-*

thème inodore et la *Camomille* qu'on trouve toujours ensemble au bord des chemins et dans les cultures; le premier profite probablement de la répulsion qu'inspire aux animaux la saveur amère de la seconde. De même, l'*Euphorbe petit cyprès* (4, *fig.* 58), protégée par son latex âcre, est imitée par la *Bugle jaune* ou *Bugle petit pin* (3, *fig.* 58).

LES ORNEMENTS EN HERBES TEINTES
ET EN FRUITS SECS

Dans un précédent chapitre [1], nous montrions comment, à l'aide d'herbes et de fleurs communes, on peut réaliser des bouquets dits perpétuels qui fournissent, pour l'appartement, des ornements fort gracieux.

Depuis quelques années, ces bouquets sont devenus tellement à la mode qu'il s'est fondé des maisons spéciales très importantes se livrant exclusivement à ce commerce. Elles utilisent la plupart des Graminées indigènes : les *Brizes*, les *Stipes*, les *Aira*, les *Glycéries*, les *Bromes*, les *Avoines*, les *Phragmites*, les *Andropogon*, les *Lagures* du midi de la France, dont les jolies inflorescences ovoïdes ont la douceur et l'aspect de la soie, et aussi la *Gynérie argentée* des pampas d'Amérique, naturalisée maintenant dans tous les jardins où elle déploie ses grands panaches blancs si décoratifs.

Mais d'autres familles végétales sont aussi mises à contribution ; ce sont des Composées, comme les *Rhodantes*, les *Gnaphales*, les *Hélichryses*, les *Ammo-*

[1]. Voir : *Les Bouquets perpétuels*, page 273.

bies de la région méditerranéenne et du cap de
Bonne-Espérance, de gros *Chardons,* aux bractées
luisantes; ce sont les feuilles découpées des *Palmiers
d'Algérie,* des *Cycadées* du Japon, les frondes délicates de certaines *Fougères,* quelques *Mousses* élégantes, ou encore des têtes de *Cardère* ou des boules
azurées d'*Echinops.*

Pour pouvoir utiliser ces matériaux, expédiés souvent sans grands soins, il s'agit d'abord d'assurer
leur conservation, et pour cela chaque maison a ses
procédés particuliers de dessiccation. Chaque plante
exige, du reste, des précautions spéciales. Les unes
doivent être desséchées soigneusement à l'étuve; les
autres, comme les Graminées, peu riches en eau, se
contentent d'une exposition à l'air sec, à l'abri de la lumière; en présentant ensuite leurs inflorescences devant un feu vif, les brins qui les composent s'écartent
les uns des autres, elles augmentent de volume et
acquièrent ainsi une grande légèreté.

Ces herbes, une fois desséchées, ne sont pas encore prêtes à être employées; leur couleur est trop
uniforme et la gerbe qu'elles formeraient serait,
sinon sans grâce, du moins sans éclat; aussi doivent-
elles, pour la plupart, être teintes.

La teinture des herbes et des fleurs naturelles est
donc devenue, par contre-coup, une industrie très
florissante.

Avant toutes choses, les herbes doivent être plongées dans l'eau tiède afin de leur permettre d'ab-

sorber mieux la teinture. La couleur la plus employée est naturellement le vert, qu'on obtient en

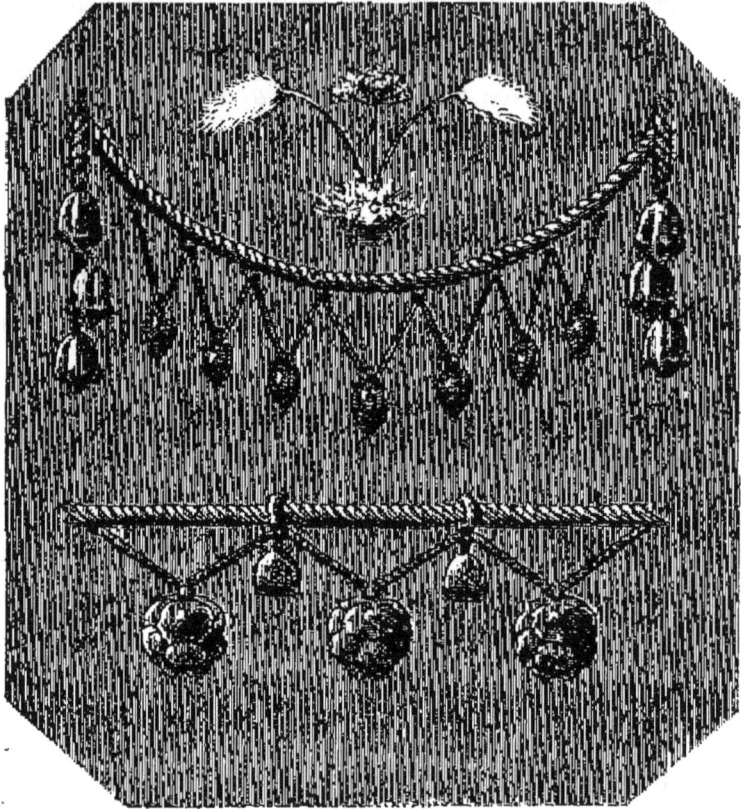

Fig. 59. — Ornements en fruits secs et en graines.

1. Garniture pour chapeau (épis de Lagure et ombelle d'Œnanthe).
2. Embrasse de rideau en fruits d'Aulne et coiffes d'Eucalyptus.
3. Cordonnet de soie avec cônes de Cyprès et cupules de gland.

faisant passer les plantes dans deux bains : l'un,
jaune, de gaude ou d'épine-vinette, l'autre, bleu, d'in-
digo ; le jaune, également très recherché, est donné

par une solution d'acide picrique ; le noir, pour les herbes destinées aux couronnes mortuaires ou aux bouquets de deuil, s'obtient à l'aide d'un bain dans lequel entrent l'extrait de campêche, le curcuma, la noix de galle et le sulfate de fer. On colore souvent aussi en bleu, en violet et en rouge.

Les couleurs végétales, inaltérables, mais difficiles à fixer, peuvent être remplacées par des couleurs d'aniline plus riches en nuances, mais moins solides, ce qui n'a qu'une importance relative pour des objets que les contacts et la poussière détérioreront rapidement.

Si l'on veut obtenir des nuances claires, vives, il faut, avant de les teindre, décolorer les herbes à l'aide d'eau oxygénée ou d'un hypochlorite alcalin, comme l'eau de Javelle ou le chlorure de chaux.

Ces diverses manipulations étant effectuées, il ne reste plus qu'à grouper toutes ces plantes de la façon la plus heureuse, suivant l'usage auquel elles sont destinées. Ces usages sont aujourd'hui fort nombreux.

On en garnit d'élégants objets de vannerie, ornés de rubans de soie ou de franges de velours; on en fait de petits bouquets à main, de hautes gerbes pour les grands vases de salon; revêtues de la couleur à la mode, elles remplacent avantageusement, sur les chapeaux de dames, les fleurs artificielles.

On a essayé également, mais avec moins de succès, dans ces derniers temps, d'utiliser des fruits secs et des graines exotiques ou indigènes dans la passementerie et l'ameublement.

Les fruits en ombelle de l'*Œnanthe*, les cônes minuscules des *Aulnes* et des *Cyprès*, les petites oranges vertes, les gousses contournées des *Luzernes*, les noyaux de *Melia* et d'*Elæocarpus*, les cupules de gland, les involucres du *Hêtre*, les coiffes des boutons d'*Eucalyptus* et les caryopses du *Coïx Lacryma* ou *Larmes de Job* ont des formes gracieuses et sont suffisamment résistants pour servir à ces usages.

Ces différents fruits, auxquels on a donné, au préalable, par des préparations spéciales, l'aspect du cuir, du vieil argent, du vieil or ou des teintes irisées diverses, sont très décoratifs, et leur succès en ornementation n'est qu'une question de temps.

A la partie supérieure de notre gravure (1, *fig.* 59) est une garniture pour chapeau de dame, formée de deux têtes soyeuses de Lagure, avec, au centre, une ombelle d'Œnanthe entourée par une collerette de Brizes.

Au-dessous (2, *fig.* 59) est une embrasse de rideau ornée de fruits secs d'Aulne et, aux extrémités, de pompons en coiffes d'Eucalyptus.

Enfin, plus bas (3, *fig.* 59) un cordonnet de soie auquel sont rattachés, alternant, des cônes de Cyprès et des cupules de gland.

VOCABULAIRE

DES

TERMES USITÉS EN BOTANIQUE

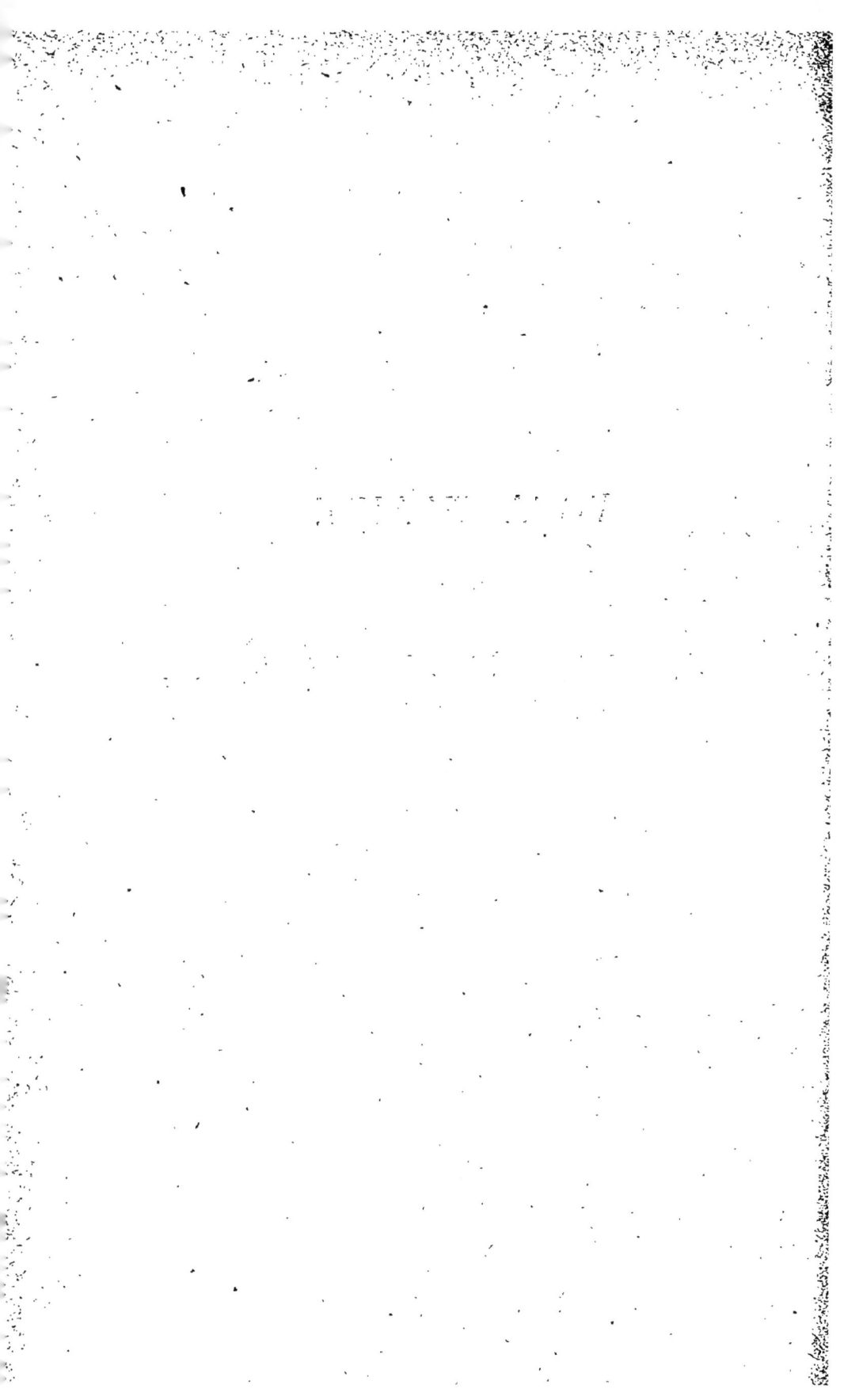

VOCABULAIRE

DES

TERMES USITÉS EN BOTANIQUE

~~~~~~~~~~~~~~~

A

Adventives (Racines). — On nomme ainsi les racines qui proviennent d'une tige ou d'une feuille.

Aigrette. — Poils simples ou plumeux qui couronnent un grand nombre de graines, notamment celles des *Composées*, et qui en facilitent la dissémination par la prise qu'elles offrent au vent.

Aiguillons. — Parties terminées en pointe qui naissent de l'épiderme et non pas du bois comme les *épines*. Ex. : *Rosier*.

Aile. — Membrane mince faisant saillie sur un fruit, une tige, etc.

Ailes. — Pétales latéraux des corolles des *Légumineuses*. Ex.: les ailes de la fleur du *Pois*, du *Haricot*, etc.

Akène. — Fruit sec contenant une seule graine, non soudée au péricarpe.

Albumen. — Réserve nutritive contenue dans la graine et destinée à l'embyron.

23

Alternes. — Se dit des feuilles placées sur une tige, de telle sorte qu'il n'y en ait aucune à la même hauteur. — Se dit encore des parties de la fleur qui alternent avec d'autres ; ainsi on dit que les étamines alternent avec les pétales quand elles sont placées au milieu des intervalles qui séparent les pétales.

Annuel. — Une plante annuelle ne vit qu'une saison, elle meurt tout entière dès qu'arrive l'hiver.

Anthère. — Partie essentielle de l'étamine divisée généralement en deux loges contenant le *pollen* ou poussière fécondante. Elle se présente presque toujours comme une petite masse surmontant un filament nommé *filet*.

Arille. — Enveloppe extérieure de certaines graines.

B

Baie. — Fruit charnu sans noyau. Ex. : le *Raisin*, la *Groseille*.

Bilabié. — A deux lèvres. Ex. : la fleur de la *Sauge*.

Bisannuel. — Plante qui vit pendant deux saisons. En général, la première année elle ne développe que des racines, une tige et des feuilles. La seconde année elle porte des fleurs, des fruits, et meurt. Ex. : la *Betterave*, la *Carotte*.

Bourgeon. — C'est la partie du végétal qui contient des rameaux et des feuilles non encore développés. — Les bourgeons à fleurs s'appellent *boutons*.

Bractée. — Feuille située au voisinage immédiat des fleurs et différant en général des autres feuilles par sa forme plus simple, quelquefois même par sa couleur.

Bulbe. — Bourgeon souterrain recouvert de tuniques concentriques qui sont des feuilles modifiées, gorgées de matières nutritives.

On distingue les bulbes *tuniqués* comme l'*Oignon*, *écailleux* comme le *Lis*, *pleins* comme le *Colchique*.

Bulbille. — Petit bulbe aérien. — On trouve des bulbilles à l'aisselle des feuilles de la *Ficaire fausse Renoncule*. — Certaines fleurs de l'inflorescence, dans les plantes du genre *Allium*, sont remplacées par des bulbilles.

C

Calice. — On appelle ainsi l'enveloppe la plus extérieure de la fleur. Elle est formée de pièces généralement vertes, isolées ou soudées entre elles, qu'on nomme *sépales*.

Capitule. — Inflorescence dans laquelle toutes les fleurs, dépourvues de pédoncules, sont insérées les unes à côté des autres au sommet d'une tige élargie nommée *réceptale*. Ex. : la *Pâquerette* et toutes les plantes de la famille des *Composées*.

Capsule. — Fruit sec à plusieurs graines s'ouvrant par des procédés très différents pour laisser tomber les graines. Ex. : les fruits de la *Pensée*, de la *Violette*.

Carène. — On appelle ainsi les deux pétales inférieurs de la fleur des *Légumineuses*. Ils sont généralement soudés entre eux, figurant plus ou moins exactement une carène de navire.

Carpelle. — Feuilles très modifiées et repliées de manière à former une sorte de boîte dont les parois internes portent les ovules. L'ensemble des carpelles forme le *pistil* placé au centre de la fleur.

Caryopse. — Fruit sec indéhiscent renfermant une seule graine soudée au péricarpe. Ex. : le *Blé*.

Caulinaire. — Qui se rapporte à la tige; ainsi un *tubercule caulinaire* est un renflement formé par une tige souterraine.

Chapeau. — C'est la partie supérieure généralement arrondie et renflée, de l'appareil fructificateur des Champignons.

Chaton. — C'est un épi composé uniquement de fleurs à étamines ou de fleurs à pistil. Le chaton tombe d'une seule pièce après la floraison. Ex.: le *Saule*, le *Peuplier*.

Chaume. — Tige cylindrique creuse, munie de nœuds à la hauteur desquels se trouvent des cloisons. Ex.: Toutes les tiges des *Graminées*.

Coiffe. — Ce mot a plusieurs acceptions en botanique : 1º il se dit d'un petit corps jaunâtre qui recouvre l'extrémité des racines et les protège contre les graviers qu'elles peuvent rencontrer sur leur route ; 2º on l'emploie aussi pour désigner le petit cornet qui recouvre l'*urne* des Mousses; 3º on donne également ce nom au couvercle qui protège l'inflorescence de certaines plantes. Ex.: l'*Eucalyptus globulus*.

Cône. — Fruit composé, généralement sec, formé de fruits simples à une seule graine, portée par une écaille. Toutes ces écailles sont dures, resserrées et se recouvrent les unes les autres de façon à figurer un cône par leur ensemble. Ex.: la *pomme de Pin*.

Coque. — Fruit dont le péricarpe est formé de lobes élastiques s'ouvrant spontanément. Ex.: l'*Euphorbe*, le *Sablier élastique*. On emploie souvent indifféremment le mot *valve* pour désigner les mêmes parties.

Corolle. — Enveloppe florale intérieure, souvent colorée, formée de pièces isolées ou soudées nommées *pétales*. Elle est placée entre les étamines et le calice. C'est à la corolle qu'un grand nombre de fleurs doivent leur beauté.

Corymbe. — C'est une *grappe* dont tous les axes sont inégaux, de sorte que les fleurs sont toutes à peu près situées sur un même plan. Ex.: l'*Aubépine*.

Cotylédons. — Premières feuilles de l'embryon. Elles sont gorgées de matières destinées à lui fournir sa première nourriture pendant son développement. La germination fait souvent apparaître les

cotylédons hors du sol sous forme de feuilles. On les reconnaît alors
à leur forme, qui diffère de celle des autres feuilles portées par la même
plante. Les végétaux dont l'embryon porte deux cotylédons se nomment
Dicotylédones. Ex.: le *Haricot.* S'il n'y a qu'un cotylédon, la plante
est une *Monocotylédone.* Ex.: le *Lis*, la *Jacinthe*, le *Blé*.

Couche génératrice. — Se dit de toute région du végétal
dans laquelle apparaissent de nouveaux tissus. Dans la tige d'un grand
nombre de plantes, il existe une couche génératrice très importante
située en dedans de l'écorce. Elle forme chaque année une couche de
liber vers l'extérieur, une couche de bois vers l'intérieur. Sa fonction,
suspendue, dans nos régions, pendant l'hiver, s'exerce pendant toute
la belle saison.

Cryptogames. — Plantes dans lesquelles la fleur n'est pas
apparente; on n'y trouve ni étamines, ni pistil. Les Cryptogames forment trois embranchements : 1° les *Fougères*, les *Prêles* et les *Lyco-
podes;* 2° les *Mousses* et les *Hépatiques;* 3° les *Algues*, les *Champignons* et les *Lichens*.

Cupule. — Petite coupe qu'on trouve à la base de certains fruits.
Ex.: le *gland.* Elle provient de bractées soudées et durcies.

Cyme. — Sorte d'inflorescence dans laquelle les fleurs sont portées par des rameaux qui prennent naissance à l'aisselle des bractées
de la fleur terminale. Ces rameaux peuvent en porter d'autres de troi-
sième ordre, etc. Ex.: le *Sureau*.

D

Déhiscent. — Se dit des fruits qui s'ouvrent spontanément à la
maturité.

Drupe. — Fruit charnu à noyau. Ex.: La *Cerise*, l'*Amande*.

E

Écailles. — Se dit des feuilles non développées qu'on trouve sur les tiges souterraines, et des lames sèches, membraneuses et coriaces, qu'on trouve entre les fleurs d'une même inflorescence.

Écorce. — Elle comprend, dans la tige et dans la racine des *Dicotylédones*, l'ensemble des couches de cellules qui entourent le cylindre central. On emploie couramment ce terme pour désigner la partie qui entoure le bois et qui en peut être aisément séparée.

Embryon. — C'est la partie de la graine qui est destinée à reproduire la plante. L'embryon est entouré par l'albumen. Dans les graines sans albumen, la réserve nutritive est contenue dans les cotylédons.

Enveloppe florale. — On désigne ainsi indifféremment le calice ou la corolle.

Éperon. — Cornet allongé qui prolonge un sépale ou un pétale et au fond duquel se trouve généralement une glande sécrétant le nectar. Ex.: la *Violette*, la *Capucine*.

Épi. — Un épi *simple* est une inflorescence en grappe dans laquelle toutes les fleurs sont sans pédoncule et insérées les unes au-dessus des autres le long d'une même tige. Ex.: le *Plantain*.
Un épi *composé* est un épi d'épis. Ex.: le *Blé*.

Épillet. — Petit épi qui entre dans la composition d'un épi composé. Ex.: les *Graminées*. L'épillet est fréquemment entouré par une écaille nommée *glume*.

Étamine. — Organe mâle des végétaux. Une étamine est formée d'un *anthère* et d'une partie allongée nommée *filet*. Le filet peut manquer, l'étamine est dite alors *sessile*. Les fleurs qui n'ont que des étamines, sans pistil, sont dites *fleurs mâles* ou *staminées*.

Étendard. — Nom donné au pétale supérieur de la fleur des *Légumineuses*.

F

Feuille. — Lames généralement planes, vertes, portées par la tige. Elles contiennent une substance verte ou *chlorophylle* qui joue un rôle d'une importance capitale en décomposant, sous l'action de la lumière, l'acide carbonique de l'air, fixant le charbon et rejetant l'oxygène.

Filet. — Partie allongée de l'étamine qui supporte l'anthère.

Fleur. — C'est l'ensemble des organes qui servent à reproduire le végétal et des pièces qui les enveloppent.

Floraison. — La floraison d'une plante a lieu quand ses fleurs sont épanouies.

Foliole. — Portion d'une feuille composée. Ex. : les folioles du *Pois*, de l'*Acacia*, du *Marronnier d'Inde*.

Follicule. — Fruit sec formé d'un seul carpelle s'ouvrant par une seule fente. Ex. : les follicules de l'*Aconit*.

Fruit. — Quand le pollen est tombé sur le stigmate, toutes les parties de la fleur se flétrissent, sauf l'ovaire, qui se transforme en fruit et les ovules qui se transforment en graines. — On divise les fruits en 1° *fruits simples*, fruits uniques provenant d'une seule fleur. Ex. : la *Cerise;* 2° *fruits multiples*, groupes de fruits provenant d'une seule fleur. Ex. : la *Framboise;* 3° *fruits composés*, groupes de fruits provenant d'une inflorescence. Ex. : la *pomme de Pin*.

G

Germination. — C'est l'acte par lequel l'embryon contenu dans la graine se développe, si l'on place celle-ci dans des conditions favorables, c'est-à-dire si on lui fournit de l'humidité, de l'air et une certaine quantité de chaleur.

Gousse. — Fruit sec formé d'un seul carpelle s'ouvrant par deux fentes pour laisser tomber les graines. Ex. : le *Haricot*, le *Pois* et toutes les *Légumineuses.*

Graine. — Elle provient de l'ovule ; elle est contenue dans le fruit. Elle est formée de l'embryon ou plantule qu'entoure généralement une petite réserve de nourriture nommée albumen. Des enveloppes ou téguments la protègent.

Grappe. — Inflorescence dans laquelle toutes les fleurs ont un pédoncule. Tous ces pédoncules à peu près égaux sont portés par un même axe. Ex. : la *Groseille.* Il existe aussi des grappes *composées.* Ex. : la *Vigne.*

Grimpante (Plante). — Se dit d'une plante qui s'élève en prenant un point d'appui sur les corps voisins. Les procédés employés par les plantes grimpantes sont des plus variés. Les unes s'élèvent à l'aide d'*aiguillons crochus.* Ex. : la *Ronce ;* d'autres à l'aide de *vrilles.* Ex. : la *Bryone,* la *Vigne;* ou de *racines adventives.* Ex. : le *Lierre.* Certaines enroulent le *pétiole* de leurs feuilles. Ex. : la *Capucine;* d'autres enfin enroulent en hélice leur tige autour d'un support; on les nomme plantes *volubiles.* Ex : le *Chèvrefeuille,* le *Liseron.*

H

Hampe. — Pédoncule partant du sol et élevant au-dessus des feuilles une fleur ou un groupe de fleurs. Ex. : la *Primevère*.

Herbe. — Plante annuelle dont la tige est molle et plus ou moins verte.

I

Indéhiscent. — Se dit d'un fruit qui ne s'ouvre pas à la maturité pour laisser tomber les graines. Ex. : les *baies*, les *drupes*, les *akènes*, les *caryopses*.

Inflorescence. — On appelle ainsi la disposition des fleurs d'une même plante. Les fleurs y sont séparées les unes des autres par des bractées. On distingue les inflorescences en *cyme* et les inflorescences *grappiques*. Ces dernières peuvent être *simples;* elles portent alors le nom de *grappe, corymbe, épi, ombelle, capitule.* (Voir ces mots.) Elles peuvent être aussi *composées*, c'est-à-dire présenter des combinaisons d'inflorescences simples. Ex. : les *ombelles d'ombelles*, les *grappes d'ombelles*, les *corymbes de capitules*, etc.

Involucre. — Couronne de bractées à la base d'une ombelle ou d'un capitule.

L

Labelle. — L'un des pétales d'une fleur d'Orchidée, très différent des autres par sa forme.

Labié. — Voyez **Bilabié.**

Latex. — Liquide généralement blanchâtre, semblable à du lait, qui est contenu dans des vaisseaux particuliers de certaines plantes et qui s'écoule quand on sectionne une de leurs parties. Ex. : le latex des *Euphorbes*, du *Pissenlit*, de la *Laitue*, du *Laiteron*. — Le latex de la *Chélidoine* ou *Herbe-aux-verrues* est jaune.

Liber. — Parties d'une plante formées en dehors de la couche génératrice. (Voir ce mot.) Le liber est composé de cellules et de fibres dont les parois ne sont pas incrustées par une substance dure.

Loges. — Cavités contenues dans l'anthère. Elles contiennent le pollen ; il y en a généralement deux par anthère.

M

Maturité. — Un fruit, une graine sont à maturité quand ils ont atteint tout le développement dont ils sont susceptibles.

Moelle. — Tissu conjonctif, plus ou moins mou, situé au centre de la tige et de la racine. Pour une même plante, la moelle est généralement plus développée dans la tige que dans la racine.

N

Nectar. — Liquide sucré sécrété par les nectaires.

Nectaires. — Petites glandes de formes très variables qui contiennent le nectar. — On les trouve surtout au voisinage des fleurs : à la base des sépales, des pétales, des étamines ou des carpelles ; quelquefois dans un éperon ; parfois même à la base de certaines feuilles.

Nervures. — Petits filaments qui font saillie à la face inférieure des feuilles. Ils vont en diminuant de grosseur depuis le pétiole jusqu'aux bords de la feuille. Ce sont des faisceaux dans lesquels circulent les sèves. — On trouve aussi des nervures dans les pièces qui forment l'enveloppe florale.

O

Ombelle. — Inflorescence dans laquelle toutes les fleurs sont portées par des pédoncules égaux partant d'un même point de la tige. — On distingue l'ombelle *simple*, Ex. : le *Cerisier*, et l'ombelle *composée*. Ex. : toutes les *Ombellifères* (*Carotte, Persil,* etc.)

Opposé. — Organe placé en face d'un autre; une étamine est opposée à un pétale quand elle est placée en face de lui. Deux feuilles sont dites opposées quand elles sont placées à la même hauteur sur la tige, l'une en face de l'autre. Ex. : les *Labiées*. Le mot **Alterne** désigne une disposition contraire.

Ovaire. — Partie d'un carpelle généralement renflée, close et contenant l'ovule ou les ovules. Après la fécondation, l'ovaire se transforme en fruit.

Ovules. — Petits corps arrondis attachés sur le bord des carpelles et en relation avec eux. Ils sont contenus dans l'ovaire et, quand ce dernier se transforme en fruit, les ovules deviennent les graines.

P

Panicule. — Se dit des inflorescences dans lesquelles les fleurs sont disposées en groupes lâches, c'est-à-dire éloignées les uns des autres. Ex. : l'*Avoine*, l'*Oseille*.

Pédoncule. — Petit rameau terminé par une fleur et, plus tard, par un fruit. C'est ce qu'on appelle vulgairement la *queue* de la fleur ou du fruit.

Péricarpe. — Le fruit est composé de deux parties : le péricarpe et la graine (ou les graines). — Le péricarpe n'est autre chose que le carpelle, modifié par la maturation. Le péricarpe est parfois entièrement charnu, Ex. : dans les *baies;* parfois, incomplètement, l'une de ses régions étant devenue très dure. Ex. : les *drupes* ou *fruits à noyau.* Quelquefois le péricarpe est sec et plus ou moins semblable à la feuille carpellaire dont il provient. Ex. : les *fruits secs : gousse, follicule, silique, capsule, akène, caryopse.*

Pétale. — Feuille modifiée, généralement colorée, qui fait partie de la corolle.

Pétiole. — Partie plus ou moins arrondie rattachant la feuille à la tige; vulgairement *queue* de la feuille.

Pistil. — Organe situé au milieu de la fleur et entouré généralement par les étamines. — Il résulte de la fusion plus ou moins complète des carpelles. On y distingue trois parties : l'une renflée à la base, ou *ovaire*, surmonté par un filament nommé *style*, terminé lui-même par des lames visqueuses ou *stigmates*, chargées de retenir le pollen. — Le style peut manquer. — Certaines fleurs n'ont pas d'étamines; elles n'ont qu'un pistil; on les nomme *fleurs pistillées.*

Plantule. — Synonyme d'embryon. (Voir ce mot.)

Pollen. — Poussière jaunâtre renfermée dans les anthères. Son action est nécessaire sur les ovules pour qu'ils se transforment en graines.

Pseudo-fruit, ou *faux fruit.* — Se dit d'organes pris généralement pour des fruits, mais qui n'en sont pas, au sens botanique de ce mot. La *fraise* est un faux fruit, car la partie comestible n'est autre chose que le *réceptacle* de la fleur devenu mou et coloré. Les véritables fruits du fraisier sont les petits grains blancs (*akènes*) insérés sur la partie rouge. La *figue* est un faux fruit dont la partie comestible est formée par l'*involucre* de l'inflorescence. Là encore les fruits véritables sont les petits corps blancs qu'on prend pour des pépins.

R

Racine. — L'un des trois organes principaux de la plante, contenu généralement dans le sol. Les fonctions de la racine sont très importantes : elle fixe la plante au sol; par ses poils absorbants elle absorbe l'eau, les sels solubles et les gaz contenus dans le sol. Elle ne porte jamais de feuilles.

Radical. — Qui se rapporte à la racine.

Radicelle. — Toute racine qui se développe sur la racine principale.

Radicule. — Partie de l'embryon qui, pendant la germination, forme la racine principale de la plante.

Rampante (Plante). — Une plante est rampante quand elle émet des tiges qui traînent sur le sol et jettent, çà et là, des racines adventives donnant naissance à de nouveaux pieds (*marcottage naturel*). Ex. : le *Fraisier*.

Réceptacle. — Élargissement du pédoncule portant toutes les pièces qui constituent la fleur ou même toutes les fleurs d'une inflorescence (*capitule*).

Rhizome. — Tige souterraine assez semblable à une racine, mais s'en distinguant aisément parce qu'elle porte des écailles et des bourgeons. Ex. : l'*Iris*, les *Carex*.

S

Samare. — Akène simple ou double dont le péricarpe se prolonge en lame mince semblable à une aile. Ex. : l'*Orme*, l'*Érable*.

Sépale. — Pièce constituante du calice.

Sève. — La *sève brute* ou *ascendante* se compose de l'eau et des sels dissous, puisés par les poils absorbants de la racine. Elle monte par les vaisseaux du bois jusqu'aux feuilles, y subit des transformations importantes, et redescend jusqu'aux organes en voie de croissance, par les faisceaux du liber. Elle prend alors le nom de *sève élaborée.*

Silique. — Fruit sec déhiscent, formé de deux carpelles, s'ouvrant par quatre fentes. Ex. : toutes les *Crucifères.*

Souche. — Se dit d'une partie vivace renflée, tige ou racine, contenue dans le sol.

Spadice. — Épi entouré d'une spathe et formé de fleurs unisexuées ; les fleurs staminées sont à une extrémité de l'épi, les fleurs pistillées à l'autre. Ex. : le *Gouet* ou *Arum tacheté.*

Spathe. — Grande bractée souvent colorée, en forme de cornet, qui entoure une fleur ou une inflorescence. Ex. : le *Gouet,* l'*Ail.*

Spores. — Poussière microscopique, assez semblable au pollen, qu'on trouve chez les plantes cryptogames. Les grains qui forment cette poussière peuvent germer directement pour donner une nouvelle plante.

Sporogone. — Organe qui porte les spores.

Stigmate. — Lames visqueuses qui surmontent le style, ou qui reposent directement sur l'ovaire quand le style manque. Les stigmates sont destinés à retenir le pollen.

Stomates. — Petits orifices abondants à la surface inférieure des feuilles, plus rares sur leur partie supérieure. Ils mettent les cellules qui composent la feuille en relation avec l'atmosphère. — Les stomates existent aussi dans l'épiderme des jeunes tiges.

Style. — Filament qui surmonte l'ovaire et porte les stigmates. Quand il manque, l'ovaire est dit *sessile.*

T

Tégument. — Enveloppe protectrice des graines.

Tige. — L'un des trois organes fondamentaux de la plante. — La tige porte des feuilles et des bourgeons, même lorsqu'elle est souterraine. Dans ce dernier cas, ses feuilles sont réduites à des écailles.

Transpiration. — Perte d'eau, sous forme de vapeur, dont les plantes sont le siège. La transpiration s'effectue surtout par les feuilles; mais les jeunes tiges, les fruits, les fleurs, aident à l'accomplissement de cette importante fonction.

Tubercule. — Partie renflée souterraine qui peut appartenir à une tige ou à une racine. Dans le premier cas, le tubercule est dit *caulinaire*. Ex. : la *Pomme de terre;* dans le deuxième, il est dit *radical.* Ex. : le *Dahlia.*

U

Unisexué. — Se dit des fleurs qui n'ont que des étamines (*fleurs staminées*), ou qui n'ont qu'un pistil (*fleurs pistillées*). Quand les fleurs staminées et les fleurs pistillées sont portées par la même plante, celle-ci est dite *monoïque.* Ex. : le *Coudrier;* — quand elles sont portées par deux pieds différents, la plante est dite *dioïque.* Ex. : le *Dattier*, le *Chanvre.*

V

Vaisseaux. — Tubes formés par la juxtaposition de cellules qui perdent parfois leurs cloisons de séparation. Dans ces tubes circule la sève. — Il existe aussi des *vaisseaux laticifères*. (Voir LATEX.)

Valves. — Ce mot est employé pour désigner les fragments du péricarpe de certains fruits, lorsqu'ils se fendent pour laisser tomber les graines. Ex. : les valves d'une *gousse*, d'une *capsule*.

Verticille. — Couronne de feuilles ou de pièces florales. Ex. : les cinq pétales de la fleur de l'*Églantier* forment un verticille. Les feuilles du *Laurier-rose*, insérées trois par trois à la même hauteur, sont verticillées.

Vrille. — Filament mince, sensible au contact et enroulable, que développent certaines plantes grimpantes, et qui servent à les soutenir. Les vrilles peuvent être des feuilles modifiées. Ex. : la *Bryone dioïque;* des folioles modifiées. Ex. : le *Pois;* des rameaux modifiés. Ex. : la *Vigne*.

Volubile. — Plante qui grimpe en enroulant sa tige en hélice autour d'un support. Ex. : le *Chèvrefeuille*, le *Volubilis*.

TABLES

TABLE MÉTHODIQUE

DES MATIÈRES

~~~~~~~

I. LA TIGE

II. LA RACINE

(1) Un titre en italique indique une récréation dans laquelle plusieurs parties de la Botanique sont envisagées. — Ce titre se retrouvera, en caractères ordinaires, au chapitre dont la récréation fait partie.

III. LA FEUILLE

IV. LA GRAINE

V. LES MOUVEMENTS DES PLANTES

VI. LES ÉPOQUES DE FLORAISON.

VII. LA FÉCONDATION

VIII. LA DISSÉMINATION DES GRAINES

IX. CRYPTOGAMIE

X. LES PLANTES DANS L'APPARTEMENT

XI. RÉCRÉATIONS DIVERSES

XII. VARIÉTÉS

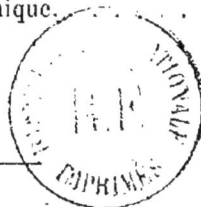

TABLE DES GRAVURES

Paris. — Imp. LAROUSSE, 17, rue Montparnasse.

LIBRAIRIE ILLUSTRÉE, 8, rue Saint-Joseph, PARIS

25 Centimes le Numéro

Astronomie. — Mécanique. — Physique. — Photographie. — Aéronautique.
Chimie. — Zoologie — Botanique. — Physiologie. — Médecine et Hygiène.
Géographie. — Art militaire. — Art naval. — Biographies de savants et d'inventeurs.

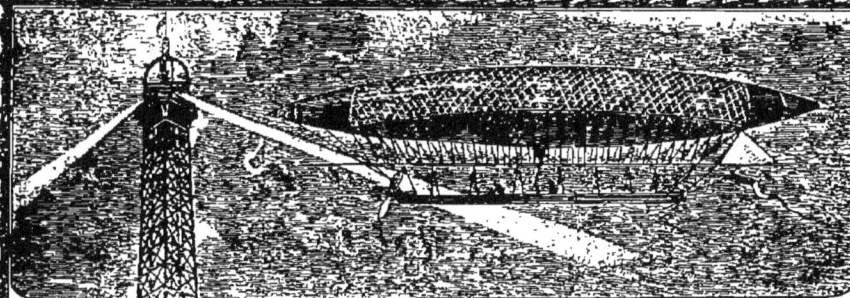

La Science Illustrée

JOURNAL HEBDOMADAIRE

Publié sous la Direction de Louis Figuier

CONDITIONS D'ABONNEMENT

	Un an.
Paris et Départements . . .	**12** fr.
Étranger, Union postale. . .	**14** fr.

BUREAUX :
A la LIBRAIRIE ILLUSTRÉE, 8, Rue Saint-Joseph. PARIS

Principaux Rédacteurs : C. Flammarion. — W. de Fonvielle. — H. de Parville.
Moynet. — D. Rengade. — F. Dillaye. — H. Faideau. — Lalanne, etc.

Chaque semaine 16 pages de texte. — Nombreuses illustrations.

A LA MÊME LIBRAIRIE

LA

CHIMIE AMUSANTE

EXPÉRIENCES

A LA PORTÉE DE TOUS

PAR

F. FAIDEAU

OUVRAGE ILLUSTRÉ DE 154 GRAVURES

Un beau volume in-8° raisin

Prix, cartonné : **12** francs

Paris. — Imp. Larousse 17, rue Montparnasse. — Avril.

www.ingramcontent.com/pod-product-compliance
Lightning Source LLC
Chambersburg PA
CBHW061116220326
41599CB00024B/4061